ANTIGONÄ.

AN

GLEIM.

II. B.

SOFOKLES

ÜBERSEZT

VON

CHRISTIAN
GRAF ZU STOLBERG.

ZWEETER BAND.

LEIPZIG
BEI G. J. GÖSCHEN
1787.

PROLOG DES ÜBERSEZERS.

Schwer lag der wohlverdiente Vaterfluch,
Ein Fels, auf beiden Söhnen Ödipus.
Der ältre, Polüneikäs, zog im Heer
Der sieben Helden, ihrer einer selbst,
Zu stürmen Kadmos Burg, vom Herrscherthron
Zu stoßen seinen Bruder. Donnernd scholl
Der Kampf; schon bebten in der Angeln Erz

Die sieben Thore, schon der Felsengrund
Der thurmbewehrten Mauern. Schnell hinaus
Stürzt Eteokläs durch die Hemmenden,
Der Lechzende nach Bruderblut; wie er
Von Freveldurst entbrannt, tobt jener ihm
Entgegen; wütend stürmet beider Brust
In beider Speer; dumpf rasseln sie zugleich
Zur Erden, und zugleich, doch weggewandt,
Fliehn ihre schwarzen Schatten zu dem Stüx.
Fried' ist in Theben. Leichenruhm und Grab
Giebt Kreon nur dem Jüngern, und verdammt
Zum Hund'- und Geiermahl des Ältern Leib.
Das duldet nicht die Schwester; mehr ist ihr
Der Menschheit Urgesez als Königsspruch.
Sie wagt die Heldenthat; getrost geht sie

Dem Tod' entgegen. In Elüsium

Empfängt ihr Segen sie; und schöner Preis

Besingt die liebendste der Töchter und

Der Schwestern, Haimon's Braut, Antigonä.

Handelnde Personen.

ANTIGONÄ.

ISMÄNÄ.

KREON, König der Thebaner.

EÜRÜDIKÄ, seine Gemahlin.

HAIMON, beider Sohn.

TEIRESIAS, ein Seher.

DAS CHOR, bestehend aus Greisen von Theben.

BOTEN, WACHE, DIENER, und BEGLEITER.

Der Schauplaz ist vor dem königlichen Pallast in Theben.

ANTIGONÄ. ISMÄNÄ.

ANTIGONÄ.

Ismänä, mein geliebtes Schweſterherz,
O ſage, kenneſt du wol einen Fluch,
Den Zeus an Ödipus Geſchlecht nicht ſchon
Vollbrächte, weil noch unſer Leben daurt?
Iſt wol ein Schmerz und eine Plag', und iſt
Ein Greuel, eine Schmach, die ich und du
In unſern Leiden nicht vereinigt ſäh'n?
Und welcher neue Jammer! Das Gebot
Das mit dem Heroldsrufe allem Volk
Der Feldherr kund that! haſt du's ſchon gehört,
Ach, oder iſt dir's noch verborgen, daſs
Die Feinde wider unſre Freunde ziehn?

ISMÄNÄ.

Mir iſt, Antigonä, der Unſern kein
Gerücht erſchollen, weder froh noch ſchlimm,

Seitdem ein einz'ger Tag durch Doppelmord
Uns unſrer beiden Brüder hat beraubt;
Seit jener Nacht, in der das Argosheer
Vertilget ward, vernahm ich nichts; und noch
Iſt Glück und Unglück, wie es damals war.

ANTIGONÄ.

Ich wuſst' es wohl, drum führt' ich dich heraus
Vor's Thor des Hofes, einſam dich zu ſehn.

ISMÄNÄ.

Was iſt's? Du ſcheinſt ſo ernſt, gedankenvoll.

ANTIGONÄ.

Hat Kreon unſrer Brüder Leichnam nicht
Entehrt den einen, und geehrt das Grab
Des andern? Eteokläs, der ſein Recht
Gebrauchte, den Geſez und Billigkeit
Begünſtigten, ſo heiſst's, hat er der Gruft
Vertraut, mit Todtenſeier ihn beehrt;
Des unglückſel'gen Polüneikäs Leib
Hat er, ſo ſagen ſie, durch Heroldsſchall
Verboten mit dem Erdenſtaube zu
Bedecken, und zu jammern über ihn,

Auf daſs er unbegraben, unbeklagt,
Ein ſüſses Mahl dem Raubgevögel ſei!
Das, alſo heiſst es, habe dir und mir,
Ha mir! der edle Kreon kund gethan,
Und ſelber komm' er, uns Unwiſſenden
Es anzuſagen: kein gering Geſchäft
Sei's ihm; und wer verſchmähe ſein Gebot,
Deſs harr' in unſrer Stadt die Steinigung.
So iſt's! Nun zeig' uns, ob du edel ſeiſt,
Ach, oder tapfrer Väter ſchwaches Kind!

ISMÄNÄ.

Ich Arme! Was vermag ich? Nüzt ihm auch
Mein Weigern, ſchadet mein Gehorſam ihm?

ANTIGONÄ.

Willſt du der That Genoſſin ſein? Erweg's!

ISMÄNÄ.

Ach der Gefahr! — — Und was iſt dein Entſchluſs?

v. 43. und 44. Nach der Lesart der Brunkiſchen Ausgabe.

ANTIGONÄ.

Trügst du den Leichnam wol mit mir zugleich?

ISMÄNÄ.

Und du begrübst den bannbelad'nen Mann?

ANTIGONÄ.

Ihn, der mein Bruder und dein Bruder ist!
Du wollest oder nicht, ich bleib' ihm treu!

ISMÄNÄ.

Verweg'ne! wider Kreons Achtgebot!

ANTIGONÄ.

Vermag er mich den Meinen zu entziehn?

ISMÄNÄ.

Gedenke, Schwester, wie mit Hass und Fluch
Beladen unser Vater starb! wie er
Ob seiner selbstenthüllten Frevelthat
Mit eigner Hand die Augen sich entriss!
Wie Weib und Mutter, doppelt war sein Schmerz!
An einem Seil' ihr Leben tödtete!
Wie Eines Tages beide Brüder sich,
Die Unglückseligen! durch Wechselmord

Das Leben raubten mit gezuckter Hand!
Wir nur allein sind überblieben! . . . Ach,
Bedenke, welcher jammervolle Tod
Auch unser harre, wenn wir trozen des
Tirannen Macht und seines Worts Befehl.
Vergessen lass uns Weiber nicht, dass wir
Des Streits mit Männern unvermögend sind;
Von Herrschern unterdrückt, gebührt uns zu
Gehorchen, wär' auch härter das Gebot.
Ich will Vergebung, denn gezwungen ist's
Dass ich es thue, von den Schatten flehn;
Doch wem die Würd' ist, dem gehorch' ich.
Mehr,
Als man vermag, zu thun, ist Aberwiz.

ANTIGONÄ.

Und wolltest du nun, so begehrt' ich's nicht;
Denn lästig wäre deine Hülfe mir!
Doch handle wie du willst, mein Vorsaz ist,
Ihn zu begraben: sterb' ich, schön ist dann
Mein Tod bei heil'gen Werken, und es ruht
Nah' an dem Liebenden die Liebende.
Hier will ich ewig ruhen! Längre Zeit

Wird mir die Gunſt der Schatten frommen, als
Die Gunſt der Lebenden . . . Willſt du's?
wohlan,
So ſei was Götter ehren, dir ein Spott!

ISMÄNÄ.

Schuldlos bin ich des Hohns; doch dieſe That,
Der Stadt zum Truz, iſt nicht in meiner Kraft.

ANTIGONÄ.

Das mag dein Vorwand ſein! ich geh' indeſs,
Und grabe meines liebſten Bruders Gruft.

ISMÄNÄ.

O wehe! wie beſorgt bin ich für dich!

ANTIGONÄ.

O zittre nicht für mich, für dich allein!

ISMÄNÄ.

Verkünde niemand deinen Vorſaz, hüll'
Ihn heelend ein, ſo will auch ich es thun.

ANTIGONÄ.

O ruf' es laut! — Ich haſſe mehr dich, wenn
Du ſchweigſt, als wenn du's allen offenbarſt!

ISMÄNÄ.

Nur für die Todten iſt dein Herz nicht todt.

ANTIGONÄ.

Dem dien' ich, deſſen Dienſt die Pflicht gebeut!

ISMÄNÄ.

Wenn du's vermöchteſt! Ach, du ſtrebſt umſonſt!

ANTIGONÄ.

Erlieget meine Kraft, ſo will ich ruhn.

ISMÄNÄ.

Der Thor nur ringt mit der Unmöglichkeit.

ANTIGONÄ.

Sagſt du alſo? wohlan ſo haſs' ich dich,
So biſt die Feindin unſers Bruders du!
Laſs mich, und laſs mir meinen thörichten
Entſchluſs, das Unglück zu' erdulden, das
Nicht ſchmählich iſt, wenn ſchöner Tod es krönt.

ISMÄNÄ.

Iſt das dein Sinn, ſo gehe: thöricht biſt
Du zwar, doch deiner Freunde Freundin auch.

(Sie gehen ab.)

Das Chor tritt auf mit Schall und Geſang, den Frieden feiernd, den der Tod der ſtreitenden Brüder und die Flucht des fremden Heers Theben wiedergab.

CHOR.

ERSTE STROFE.

O Sonnenſtrahl, du ſchönſter von allen, die
Auf Theben blickten, endlich eröfneſt du
Die Wimper, goldner Tag, und walleſt
Über die Fluten einher des Stromes!

Von Argos kam der Mann in des Schildes Glanz,
Mit ſtolzem Tritt, gerüſtet von Haupt zu Fuſs —
Doch ha! wie zähmteſt du den bangen
Flüchtling, mit ſcharfem Gebiſs ihn tummelnd!

Wie der Adler mit hellem Getön' umfleugt
Das Gefilde, ſo ſtürzte Polüneikäs einher,
Von dem Zorne des Bruderzwiſtes entbrannt;
In der Rüſtung ſtrahlend, und umweht
Von des Helmes flatterndem Buſch,
Schwebt' er auf Fittigen umher weiſser wie Schnee.

ERSTE GEGENSTROFE.

Mit ofnem Rachen ſtand, und mit blutigem
Geſchoſs, der Feind im Kreiſ' um den Sie-
benſchlund
Der Thore; doch er floh', eh' unſer
Blut ihm die lechzende Kehle füllte.

Floh', eh der Mauern Zinnen der dampfende
Häfaiſtos haſchte — Donner des Aräs ſcholl
Vom Rücken her! unüberwindbar
Wurden dem Feinde die Drachenſöhne.

Das Geprahl der verwegenen Zunge haſſet
Zeus.
Da er ſahe, wie ſie tobten mit Ungeſtüm
In der goldenen Rüſtung Stolz und Getön,
Stürzte mit geſchleuderten Blizen er ſie
Von der Scheitel der Schanze, wo ſie ſchon
Zu erheben begonnen des Siegs Jubelgeſang.

v. 125. Häfaiſtos, Vulkan.

v. 127. Die Drachenſöhne, die Thebaner, emporge-wachſen aus den Drachenzähnen, die Kadmos ſäete.

Siehe *Ovids Metamor. III. 105.*

ZWOTE STROFE.

Erdwärts ſank, gewirbelt vom Flammenſtrahle,
Kapaneus, der raſendes Tobens ſtürmte
Wider Theben, der mit des Haſſes Wüten
Giftigen Hauch ſchnob!

Niederſchmetternd waltete Aräs alſo
Hier, und alſo dort des Gefechts, und lenkte,
Günſtig Kadmos Volke, mit ſtarker Hand die
Roſſe des Sieges.

Der Geſchwader ſieben Führer beſtürmten eins
Von den ſieben Thoren jeglicher Held; doch es ward
Ihre Rüſtung dem fluchtgebietenden Zeus ein Siegesmaal.
Nicht alſo die beiden Haſſer, das Geſchlecht
Eines Vaters und Einer Mutter, ſie hoben den trozenden Speer
Wider einander, und ſtarben gleiches Geſchickes Tod.

v. 135. Kapaneus, einer der ſieben Helden, der Erfinder der Sturmleitern. Schnell getödtet durch Steine und Feuerbrände der Belagerten, ging die Sage, der Bliz habe ihn getroffen.

ZWOTE GEGENSTROFE.

Und die hocherhabene Siegesgöttin
Zog in Thebens wagenberühmten Straſsen
Wieder ſegenbringend einher, und heller
Jubel erſcholl ihr.

Übergebet nun der Vergeſſenheit die
Kriege! Laſst mit nächtlichem Tanz in allen
Tempeln uns frohlocken, und Thebens Bachos
Schwinge den Reigen!

Doch es nahet der neue Beherrſcher der Stadt,
Kreon, Menökäs Erzeugter, und erſinnt
Bei des Geſchicks Wechſel neuen Rath:
Er iſt's, der die vereinigte Schaar
Der Greiſe zuſammenberufen hat
Durch des Herolds allenertönenden Schall.

DAS CHOR. KREON. SEINE BEGLEITER.

KREON.

O Männer, endlich richten unſre Stadt
Die Götter wieder auf, die wankende,
Die vieler Wogen Sturz erſchüttert hat.
Euch hab' ich herberufen, euch allein
Von allen, weil ihr Lajos Königsthron
Stets habt verehrt, wie's eure Pflicht gebot,
Und weil ihr, als noch Ödipus das Land
Verwaltete, und da er todt war, ſtets,
Als ſeine Söhne herrſchten, treu verbliebt.
Da die, an Einem Tage tödtend und
Getödtet, fluchbelaſtet ſanken durch
Den Doppelmord der Bruderhand, ſo iſt
Nun mein der Thron und mein die Macht; denn ich
Bin nun der nächſte durch der Sippſchaft Recht.
Unmöglich iſt es, jedes Mannes Herz
Und Sinn und Urtheil zu erforſchen, eh'
Er durch das mannichfaltige Geſchäft
Der Rechtsverwaltung ſich geprüft uns zeigt.

Mir ſcheint, und immer hat es mir alſo
Geſchienen, der der Böſeſte zu ſein,
Der eine Stadt beherrſchet, und nicht folgt
Dem beſten Rath der Weisheit, und von Furcht
Geängſtigt, ſchweigend ſeinen Mund verſchleuſst;
Und den veracht' ich auch, der höher nicht
Sein Vaterland verehrt als ſeinen Freund.
Ich, Zeus ſei Zeuge, welcher alles ſchaut!
Ich will nicht ſchweigen, ſeh' ich über euch,
Ihr Bürger, kommen Unglück ſtatt des Heils,
Und nimmer ſoll der Haſſer unſrer Stadt
Mein Freund ſein; denn ich weiſs, daſs ſie es iſt,
Die uns erhält; und geht's ihr wohl, ſo ſchwillt
Auch unſer Segel, und es mangelt uns
Der Freude nicht! Nach den Geſezen will
Ich unſer Land erheben; und ſchon floſs
Aus dieſer Quelle das Gebot, das ich
Den Bürgern über Ödipus Geſchlecht
Verkündet habe durch des Herolds Ruf:
Daſs ſie den Eteokläs, der für uns
Mit Ruhm gekämpft hat, und gefallen iſt,
Zu Grabe bringen ſollen, und vollziehn
Die Trauerbräuche bei des Helden Gruſt.

Doch seinen Bruder Polüneikäs, der
Das Vaterland und unsre Götter, als
Er her zog, der Verbannte! wollte mit
Der Flamme Wut verheeren, mit dem Blut
Sich sättigen der Seinen, und das Volk
Zu Knechten fesseln, diesen, also scholl
Des Herolds Ruf, darf keiner in ein Grab
Bestatten, noch beweinen! Aller Blick
Ruh' auf dem unbegrab'nen Leichnam, der
Ein Raub der Vögel und der Hunde sei!
Das ist mein Wille! Nimmer soll der Lohn
Des guten kommen auf den bösen Mann;
Doch gleiche Ehre soll von mir der Freund
Des Landes haben, lebend oder todt!

CHOR.

Wie dir's gefällt, Menökäs Sohn, so sei
Es mit dem Freund und mit dem Feind der Stadt.
Dein ist's zu stiften ein Gesez für uns,
Die Lebenden, und für die Todten auch.

KREON.

Drum spähet, ob man halte mein Gebot.

CHOR.

Laſs dieſe Laſt auf jüngern Männern ruhn!

KREON.

Schon ſtehet Wache, wo der Leichnam liegt.

CHOR.

Und was verlangſt du auſserdem von uns?

KREON.

Daſs ihr verwehrt des Ungehorſams That.

CHOR.

So ſehr iſt keiner Thor, daſs er den Tod
Drum ſuche!

KREON.

Zwar wird das ſein Lohn, doch oft
Miſsleitet Hofnung eines Menſchen Glück.

DIE VORIGEN. EIN KRIEGSKNECHT DER WACHE.

DER KRIEGSKNECHT.

Ich ſage nicht, o König, daſs ich ſchnell
Und athemlos, und leichtes Fuſses kam;
Denn mein Gedanke hat mich oft gehemmt,
Und hat zum Rückweg oft mich angeſpornt.
Oft rief mein Herz mir zu: Elender, was
Bereiteſt du durch deine Botſchaft dir?
Doch ſäumſt du, und ein andrer thut es kund
An Kreon, welcher Lohn harrt deiner dann?
So hab' ich grübelnd meinen kurzen Weg
Durch meine trägen Schritte lang gemacht;
Doch endlich ſiegte der Entſchluſs zu gehn,
Und dir zu ſagen was dir nicht behagt.
Mit dieſer Hofnung komm' ich, daſs ich nichts
Erdulden werd', als was mein Schickſal heiſcht.

KREON.

Was iſt's, warum kommſt du ſo mutlos her?

DER KRIEGSKNECHT.

Ich will dir ſagen was mich ſelbſt betrift:
Ich habe nicht die That vollbracht, und den,

Der ſie gethan hat, nicht geſehn; mit Recht
Iſt keine Strafe mein!

KREON.

Wie ſorgſam du
Dich ſchanzeſt!... Traun du bringſt was neues
uns!

DER KRIEGSKNECHT.

Wo die Gefahr iſt, iſt die Furcht nicht fern.

KREON.

Du ſäumſt noch? Red' und gehe ſicher heim!

DER KRIEGSKNECHT.

So ſag' ich's dir: begraben iſt der Leib!
Der Thäter iſt entflohn, der ihn mit Staub
Bedeckt, und ihn geweiht hat zu der Gruft.

KREON.

Was ſagſt du? Welcher Mann hat das gewagt?

DER KRIEGSKNECHT.

Ich weiſs nicht! Keines Beiles Hieb iſt dort,
Und keines Spadens Spur; die Erd' iſt hart
Und unverlezt, von Wagenrädern nicht

Befahren, und kein Merkmaal hinterlieſs
Der Thäter. Als bei Tages Anbruch kund
Die Wach' es that, ſchien's allen wunderbar.
Kein Grab erhebt ſich, wenig Erde warf
Die Hand des Fluchvermeidenden auf ihn.
Nicht eines Hund's noch eines Raubthiers Spur,
Das ihn zerriſſen habe, war zu ſehn.
Da ſcholl der böſen Wechſelworte Laut,
Der Wächter ſchalt den Wächter, und zulezt
Wär's ſchier zum Kampf gekommen; denn es

war

v. 262. Wer einen unbegrabenen Leichnam ſahe, ohne ihn zu beſtatten, lud einen Fluch auf ſich, den keine Sühnopfer zu löſen vermochten.

Um dieſen Liebesdienſt bittet der Schatten des Archytas einen vorüberſegelnden Schiffer:

Achteſt der Sünde du nichts denn, die noch
Büſsen nach dir die ſchuldloſen Kinder? Es harren vielleicht auch
Dieſe Gebühr der Menſchheit und dein die
Wechſel der ſtolzen Fortuna. Nicht ſtraflos weigerſt ein Grab du
Mir, und der Sühnen löſet dich keine!
Wie du auch eilſt, kurz iſt der Verzug; nur dreimal bewirf mit
Staube meinen Leichnam, und ſegle.

Horazens Oden B. I. 28.

Kein Schiedsmann da, ein jeder glaubt', es ſei
Der andre ſchuldig, keiner ward entdeckt,
Geſichert durch die unenthüllte That.
Wir ſind bereit zu halten glühend Erz
In unſrer Hand, zu gehn durch Flammen, und
Zu ſchwören bei den Göttern einen Eid,
Daſs wir's nicht ſelbſt gethan, und daſs wir nicht
Des Thäters noch Erſinners Heeler ſind.
Zulezt, als alles Forſchen eitel war,
Sprach einer . . . zwar uns ſank für Furcht das Haupt
Zu Boden, doch in unſrer Macht war's nicht
Zu widerſprechen, ſchwankend, ob wir recht
Dran thäten. Seine Meinung war, es dir
Nicht zu verbergen, ſondern kund zu thun.
Sein Urtheil ſiegte; mir Unglücklichen
Fiel dieſes ſchöne Loos: nun bin ich hier,
Unwillig bei Unwilligen; denn wem
Iſt wol der Unglücksbote nicht verhaſst?

v. 271. Wol die älteſte Erwähnung der Feuerprobe.

CHOR.

O König, lange ſagt die Ahndung uns,
Daſs dieſes Werk von Göttern ſei geführt.

KREON.

Schweigt, eh mein Zorn entflamm', und eh' ihr euch
Voll tolles Wahnſinns mir, ihr Greiſe, zeigt.
Unduldbar iſt es, was ihr ſagt, es ſei
Der Götter Sorge dieſes Todten Leib.
Wie ſollten ſie ihn ehren und als Freund
Beſtatten, ihn, der zu verbrennen kam
Die ſeulumringten Tempel, und den Schaz
Der Weihgelübde, der Vertilgung ſchwur
Den heil'gen Bräuchen und der Haine Graun?
Hat je den Frevler Gottes Hand beſchüzt?
Nein warlich! Aber lange murrten ſchon
Die Bürger unzufrieden wider uns,
Und ſchüttelten die Köpf', und ſträubten ſich,
Zu beugen, wie es ſich gebührt, den Hals
Mit Lieb' und Ruhe unter unſer Joch.
Gereizt durch Lohn von dieſen haben es
Die Thäter, wohl iſt mir's bewuſst, vollbracht.

Kein grössres Übel ist den Sterblichen
Gegeben, als das Silber; das verheert
Die Städte, treibt von ihrer Heimat weg
Die Männer, lehrt sie böse Künste, zwingt
Das vormals gute Herz zu schlimmer That,
Und schleusst den Pfad der Arglist und des Trugs
Und alles gottverhassten Frevels auf.
Doch wer durch Lohn bestochen sündigt, büsst
Die Schuld, sobald der Rache Stunde kommt.
So wahr ich Zeus anbete! — höre du
Den Eidschwur, den ich schwöre! — so soll mir,
Wenn ihr mir nicht den Thäter dieser That
Entdeckt, ihn nicht vor meine Augen stellt,
An eurem Tode nicht genügen: eh'
Ihr sterbt, sollt ihr am Seile schweben, soll
Die Folter bald den Frevel kund mir thun,
Auf dass ihr lernet, wo ihr fürder mögt
Gewinn erhaschen, und dass nicht erlaubt
Ein jeder Vortheil sei; denn öfter hat
Ein schnöder Lohn geschadet als genüzt.

DER KRIEGSKNECHT.

Darf ich ein Wörtlein?... oder muss ich fliehn?

KREON.

Wie läſtig deine Red' iſt, weiſst du's nicht?

DER KRIEGSKNECHT.

Nagt ſie am Ohr, nagt ſie am Herzen dir?

KREON.

Wie kannſt du fragen, wo der Schmerz mich quält?

DER KRIEGSKNECHT.

Der Thäter plagt dein Herz, ich nur dein Ohr.

KREON.

O weh! Erzſchwäzer, geh, und ſchone mein!

DER KRIEGSKNECHT.

Ich habe warlich nicht die That vollbracht!

KREON.

Dein Leben haſt du für Gewinn verkauft.

DER KRIEGSKNECHT.

O wehe! grauſam iſt des Argwohns Wahn!

KREON.

Beſchönige nur deine Sache! . . . Zeigt
Ihr mir den Thäter nicht, ſo ſollt ihr ſchaun,
Was ſchändlicher Gewinn für Leiden bringt.

DER KRIEGSKNECHT.

O daſs er würd' entdeckt! Er werd' es, und
Er werd' es nicht, das iſt das Werk des Glücks,
So ſollſt du nimmer mich mit Augen ſehn. —
Gerettet bin ich! Ach ich meint' und hoft'
Es nicht! nun ſei den Göttern Dank gebracht!

CHOR.

ERSTE STROFE.

Erfindungsreicher iſt und verwegener
Der Menſch, als was nur wagend und ſinn-
reich iſt:
Er fleugt im Winterſturm durch weiſse
Wogen auf ſchwellender Segel Fittig;

Der Erde Schoos, der hehren, unſterblichen,
Stets regen Göttin, ſchneidet von Jahr zu Jahr

v. 345. Ich leſe ſtatt περῶν mit der Aldiniſchen Ausgabe πτερῶν.

Der Pflüger durch, und treibt der Rosse
Zucht in dem furchenzerriss'nen Acker.

ERSTE GEGENSTROFE.

Kunstvoll verstrickt der Mensch in des Nezes Garn
Das leichte Volk mit schwebenden Fittigen,
Des Meeres schwimmende Geschlechte,
Und die Bewohner des wilden Forstes;

Das Ungeheuer, das auf den Bergen irrt,
Bezähmt der Mensch durch Listen, und bändiget
Das mähnumwallte Ross, und beugt im
Joche den Nacken des stolzen Stieres.

ZWOTE STROFE.

Sein ist die Sprache, sein der Gedanke, der
Gen Himmel strebet, sein des Gesezes Band.
Er floh den Fels, der ihn nicht schirmte
Wider die Pfeile des Ungewitters.

Allfähig ist er! rüstet für alles sich!
Er schaut die Zukunft! Aber unmeidbar ist
Der Tod ihm; rettungslosen Seuchen
Sendet er Flucht, und erspäht Genesung.

ZWOTE GEGENSTROFE.

Der Hofnung Grenze fleugt er in jeder Kunſt
Sinnreich vorüber, dann zu dem Frevel ſich
Hinwendend, dann ſich weihend Recht und
Wahrheit, ein Segen des Vaterlandes.

Empört er ſich zum Dränger, ſo fall' auf ihn
Der Landesbann! — Es opfre der Böſe nicht
An unſerm Herd', und nie geſelle
Sich mit dem ſeinigen unſer Rathſchluſs!

Mit Erſtaunen erblicken wir ein Wunderwerk!
Wie vermögen wir zu leugnen, da wir es ſehn,
Daſs die Kommende ſei Antigonä?
O die Unſelige! des unſeligen
Vaters Ödipus Tochter! — O leiten ſie dich her,
Du des Gebot's, das der König gab, Übertreterin?
Wardſt du ergriffen in der thörichten That?

DAS CHOR. ANTIGONÄ, GEFÜHRT VON DEM KRIEGSKNECHTE.

DER KRIEGSKNECHT.

Hier iſt die Thäterin; wir fanden ſie
Das Grab bereitend! — Kreon, wo iſt er?

CHOR.

Sieh', eben tritt er aus dem Hauſ' hervor.

DIE VORIGEN. KREON.

KREON.

Was iſt dir? führt dein günſtig Glück dich her?

DER KRIEGSKNECHT.

O Herr, verſchwören ſollte nimmer ſich
Der Menſch; belügt ſein lezter Vorſaz nicht
Den erſten ſtets? Nie wieder dir zu nah'n
Gelobt' ich im Gewitter deines Zorns;
Doch meiner ungehoften Freud' iſt izt
An Gröſse keine ſüſse Wolluſt gleich.

Meineidig meinem Schwure komm' ich her,
Und bringe diese Jungfrau, die das Grab
Beträufelte mit heil'gem Opfertrank,
Und so von uns entdeckt ist bei der That.
Da ward kein Loos geworfen, und für mich
Nur ist, für keinen andern, der Gewinn.
Nimm sie, o König, richt' und strafe sie
Nach deinem Willen! Wohl mir! ich bin frei,
Und bin mit Recht erlös't aus aller Noth.

KREON.

Was? diese bringst du? Wo ergriff'st du sie?

DER KRIEGSKNECHT.

Sie war's, die ihn begrub, das sei genug!

KREON.

Weisst du, dass was du sagst die Wahrheit sei?

DER KRIEGSKNECHT.

Ich sah', dass sie den Leichnam wider dein
Gebot begrub; bedarf's der Prüfung mehr?

KREON.

Wie sah't ihr sie? griff't ihr sie bei dem Werk?

DER KRIEGSKNECHT.

Hör' wie's geſchah! Durch deine Drohungen
Geſchreckt, begaben wir uns wieder hin,
Und fegten weg die Erde, die den Leib
Des Todten deckte, bis der Modernde
Bloſs vor uns lag; da ſezten, den Geruch
Zu meiden, wir auf lüft'gem Hügel uns.
Der eine trieb den andern; dem, der ſich
Entzöge ſeiner Pflicht, erſcholl der Fluch.
Indeſſen ſtieg am Himmel ſtrahlend auf
Zur Mitte ſeiner Bahn der Sonnenkreis,
Die Hize glühte; da erhob ſich ſchnell
Ein Wirbelſturm, die Peſt der kranken Luft;
Er füllte ringsumher mit Graun das Feld,
Und ſchlug den Blätterſchmuck den Hainen ab.
In Wolken flog der Staub, und ſchloſs das Aug'
Uns zu; die Götter ſandten dieſe Qual.
Als ſich nach langer Zeit der Sturm verlohr,
Da ſah'n wir dieſe Jungfrau; bitterlich
Erſcholl ihr Jammer: wie das Angſtgeſchrei
Des Vogelweibchens, wenn ſie leer das Neſt
Erblickt, und weggeraubt die liebe Brut;
So klagte dieſe, da ſie unbedeckt

Den Leichnam sah', und weinend fluchte sie
Mit bösem Fluch den Thätern dieser That,
Und häufte plözlich trocknen Staub empor
Mit ihren Händen, und umgoss den Leib
Dreimal aus erzgeschmücktem Kruge mit
Des Todten Ruhm, dem frommen Opfertrank.
Wir sahn's, und sprangen zu, und haschten schnell
Die Unerschrockne, die nichts dieser That,
Und nichts der jüngstvollbrachten leugnete.
Mir giebt es Freud', und giebt mir Schmerz zugleich:
Dass ich der Strafe nun entronnen bin,
Ist Freud'; und Schmerz ist's, meine Freund' in Noth
Zu bringen — Gegen meine Rettung gilt,
So ist mir's angebohren, alles nichts.

KREON.

Die du dein Haupt zur Erden neigest, sprich:
Bekennst du, oder leugnest du die That?

ANTIGONÄ.

Ich sag', ich hab's gethan, und leugn' es nicht.

KREON.

(zu dem Kriegsknecht.)

Du gehe hin, wo dir's gelüſtet; nun
Biſt du von deiner ſchweren Schuld befreit.

(zu Antigonä.)

Sprich du mit kurzem, ungedehnten Wort:
War dir bekannt was mein Befehl verbot?

ANTIGONÄ.

Bekannt? Wie ſollt' es nicht der Heroldsruf?

KREON.

Und ihn zu übertreten wagteſt du?

ANTIGONÄ.

Zeus hat mir nichts, und die Gerechtigkeit,
Die bei den Todesgöttern wohnt, mir nichts
Verkündet. Sie ſind's, die dies Urgeſez
Den Menſchen gaben, und ich achte dein
Gebot ſo kräftig nicht, daſs ich das Recht,
Das ungeſchrieb'ne, feſte, Götterrecht,
Verlezen ſollte, die ich ſterblich bin!
Von heut' und geſtern iſt's nicht; ewig iſt
Sein Leben, und ſein Urſprung iſt verhüllt.

Dies werd' ich nicht, durch keines Frevlers Stolz
Geſchreckt, verlezen; werde nicht auf mich
Der Götter Rache ziehn! Mein harrt der Tod;
Er mag's! — Er würd' es ohne deinen Spruch;
Und ſterb' ich früher, ſo iſt's mein Gewinn!
Denn wem verflieſst in ſolcher Qual wie mir
Das Leben, dem Gewinn der Tod nicht ſei?
Den Tod zu leiden iſt nicht Schmerz für mich;
Doch unbegraben meines Bruders Leib
Zu laſſen wäre Schmerz, der Tod iſt's nicht!
Und ſchein' ich thöricht dir, ſo wiſſe du,
Es kann der Thor nur mich der Thorheit zeihn!

CHOR.

Starr, wie der Vater, ſcheint die Tochter uns,
Und durch das Unglück ungebeugt, wie er.

KREON.

Doch wiſſe, daſs der harte, ſtolze Sinn
Am tiefſten ſinket: haſt du nie geſehn,
Daſs glutgeſchmolz'ner Stahl, je ſtarrer er
Gehärtet iſt, je eh'r zu brechen pflegt?
Und lenk' ich nicht mit ſchmächtigem Gebiſs
Das kühne Roſs? Ein aufgeblähter Stolz

Ziemt nicht dem Knecht im Angeſicht des Herrn.
Die Frevlerin! mein kündliches Gebot
Zu übertreten war ihr nicht genug;
Auf Frevel häuft ſie Frevel, rühmt ſich izt
Noch der vollbrachten That, und ſpottet mein!
Traun ich bin nicht ein Mann, ſie iſt ein Mann,
Wenn ihre Kühnheit ungeſtraft entweicht!
Zwar meiner Schweſter Kind! doch wäre ſie
Mir mehr als alle, die mein Hausgott ſchüzt,
So ſollte ſie und ihre Schweſter nicht
Dem ſchlimmſten Tod' entfliehn; die iſt des Raths
Genoſſin, und ihr Kläger bin ich ſelbſt. — —
Ruft ſie heraus! . . . Ich ſah ſie drinnen izt
Von Sinnen, und in toller Raſerei.
So pflegt von dem, der in der Finſterniſs
Verbrechen ausübt, die Vernunft zu fliehn!
Den haſs' ich, der ergriffen in der Schuld
Noch ſtrebt zu ſchminken ſeine Miſſethat.

ANTIGONÄ.

Hier bin ich: willſt du mehr als meinen Tod?

KREON.

Nur den begehr' ich, alles giebt mir der.

ANTIGONÄ.

Was ſäumſt du länger? Deine Worte ſind
Verhaſst mir, werden ſtets verhaſst mir ſein,
So wie du mit Verdruſs die meinen hörſt. —
Und was vermag mir mehr des höchſten Ruhms
Zu geben, als das Grab, das meine Hand
Dem Bruder grub! — und alle freuen ſich
Der That, doch ihre Zunge hemmt die Furcht.
Viel Segen ward den Königen, auch der,
Nach Willkühr ſtets zu reden und zu thun!

KREON.

Biſt du in Kadmos Volk' allein ſo klug?

ANTIGONÄ.

Auch dieſe ſind's; die Furcht ſchleuſst ihren Mund.

KREON.

Schämſt du dich nicht, was ſie nicht thun zu thun?

ANTIGONÄ.

Den Blutsfreund ehren, das iſt keine Schmach.

KREON.

War's nicht dein Bruder auch, den ich begrub?

ANTIGONÄ.

Mein Bruder, meiner beiden Eltern Sohn.

KREON.

Und den nur ehrſt du, der ein Frevler war?

ANTIGONÄ.

So zeugt aus ſeiner Gruft der Todte nicht.

KREON.

Iſt gleiche Ehre nicht für jenen Schmach?

ANTIGONÄ.

Er war des Bruders Bruder, nicht ſein Knecht.

KREON.

Des Landes Tilger der, und Retter der.

ANTIGONÄ.

Die Todesgötter fodern gleiche Pflicht.

KREON.

Des Guten Lohn iſt nicht des Böſen Lohn.

ANTIGONÄ.

Wer kennt das Recht, das bei den Schatten gilt?

KREON.

Der Feind wird auch im Tode nicht mein Freund.

ANTIGONÄ.

Ich theile nur die Liebe, nicht den Haſs.

KREON.

Hinunter zu den Schatten! liebe dort
Die Deinen! Hier herrſcht Kreon, und kein Weib!

DIE VORIGEN. ISMÄNÄ.

CHOR.

Siehe! vor den Thoren Ismänä! Ach ſie vergeuſst
Thränen der Schweſterlieb' und des Grams!
Über der Wimper ſchwebet ihr ein Gewölk,
Das die lieblichen Wangen bethaut,
Und die Roſen des Antlizes entſtellt!

KREON.

O Schlange, die mein Haus ernährte! du,
Die ſchleichend mir mein Lebensblut entſaugt!
Ha! ich Getäuſchter! der ich mir zum Sturz
Des Throns die zwo Erinnen ſelbſt erzog!
Wohlan ſo rede: biſt auch du der That
Genoſſin, oder ſchwöreſt du dich rein?

ISMÄNÄ.

Wie ſie hab' ich die That gethan; wenn ſie's
Mir nur vergönnt, ſo theil' ich ihre Schuld.

ANTIGONÄ.

Die Wahrheit wehrt's! Es war dein Wille nicht;
Ich hab's allein und ohne dich vollbracht.

ISMÄNÄ.

Laſs mir in der Gefahr, die dich bedroht,
Den Troſt, Genoſſin deiner Schuld zu ſein.

ANTIGONÄ.

Hört's, Todesgötter, Zeugen dieſes Werks!
Die nur in Worten liebt, die lieb' ich nicht.

ISMÄNÄ.

Verſchmäh mich, Schweſter, nicht, laſs mich mit dir,
Des Todten Sühnerin, den Tod empfahn!

ANTIGONÄ.

Leb', und erſtrebe nicht was dein nicht iſt!
An meinem eignen Tode gnüget mir.

ISMÄNÄ.

Was iſt das Leben mir, von dir getrennt?

ANTIGONÄ.

Das frage deinen Kreon, den du ehrſt.

ISMÄNÄ.

Was nüzt dir's, daſs du mich ſo quälend kränkſt?

ANTIGONÄ.

Von bitterm Gram erzwungen lacht mein Spott.

ISMÄNÄ.

Kann meine Liebe keinen Dienſt dir thun?

ANTIGONÄ.

Errette dich! das Leben gönn' ich dir!

ISMÄNÄ.

Ach wall' ich nicht mit dir den Todespſad?

ANTIGONÄ.

Du wählteſt Leben, und ich wählte Tod.

ISMÄNÄ.

Weisſagt' ich dir nicht alles was geſchieht?

ANTIGONÄ.

Wohl! doch ich folgte meinem eignen Rath.

ISMÄNÄ.

Es komme gleiche Schuld auf mich und dich!

ANTIGONÄ.

Getroſt, du lebſt! — Für meine Todten iſt
Dem Tode meine Seele längſt geweiht.

KREON.

Thörinnen beide! die Vernunſt verläſst
Die eine, ſinnlos war die andre ſtets.

ISMÄNÄ.

O König, wenn uns Leiden drücken, bleibt
Derſelbe Geiſt nicht, ſondern weicht von uns.

KREON.

Dir warlich, die du ſelbſt dir Elend wählſt.

ISMÄNÄ.

Wie ſollt' ich einſam leben ohne ſie?

KREON.

Vergiſs du ſie, die ſchon des Todes iſt.

ISMÄNÄ.

Und willſt du tödten deines Sohnes Braut?

KREON.

Es harren andre Fluren auch der Saat.

ISMÄNÄ.

Wie ihrer Liebe Bund iſt keiner mehr.

KREON.

Ich wähle keine Böſe mir zur Schnur.

ANTIGONÄ.

O liebſter Haimon, wie entehrt er dich!

KREON.

Dein Bett' iſt mir, ſo wie du ſelbſt, verhaſst.

ISMÄNÄ.

Willſt du, was ſein iſt, deinem Sohn' entziehn?

KREON.

Der Trenner ihrer Ehe ſei der Tod!

ISMÄNÄ.

So iſt's beſchloſſen, daſs ſie ſterben ſoll?

KREON.

Auch dir und mir — Was zaudr' ich? Führt ſie weg,
Ihr Mägde! ihnen ſei's nicht mehr erlaubt
Zu ſtreifen ungehemmt: die Kühnſten fliehn,
Wenn ſie des Lebens Ende nahe ſchaun.

(Antigonä und Ismänä werden weggeführt.)

CHOR.

ERSTE STROFE.

Selig, o ſelig, dem das Leben hinfleuſst
Unverbittert vom Elend! aber weh' ihm,
Deſſen Haus erbebet, von Gottes Hand im
Zorne getaſtet!

Ihm und den Seinen häuft ſich bis zur Fülle
Raſtlos ſtets das Verderben! alſo ſtürzen,
Wenn in grauſen Nächten der Winterſturm ſauſ't,
Wogen auf Wogen!

Tief aus des Abgrunds Schlünden brauſ't der ſchwarze
Boden unter des unglückſchwangern Sturmes
Geiſsel hoch empor, der geſchlag'nen Ufer
Ächzen erſchallet.

ERSTE GEGENSTROFE.

Siehe, wie ſtets ſich neuer Jammer häufet
Auf des ſinkenden Hauſes alten Jammer,
Ach, und wie nicht wider den Fluch der Stamm den
Spröſsling beſchüzet!

Einer der Götter ſtürzt die Burg des edlen
Kadmos, ſonder Errettung ſinkt ſie! Ach ſchon
Strahlten Hofnungsſchimmer auf dieſe lezte
Sproſſe der Wurzel.

Aber auch dieſe liegt nun abgemähet
Von der blutigen Senſe, die der Arm des
Todesgottes ſchwingt! die Erinnen hauchten
Wahnſinn in's Herz ihr!

ZWOTE STROFE.

Wer der Sterblichen kann deine Gewalt, o Zeus,
Frevelnd hemmen! ſie ſchwächt allesbetäu-
bender
Schlummer nie, noch der Götter
Nimmerraſtender Monde Zahl.

Ewig herrſcheſt du, Zeus, ewig und alterlos,
Hoch im ſtrahlenden Glanz deines Olümpiſchen
Thrones, König, und alles
Ehret deines Gebotes Wink.

Dein iſt alles was iſt, alles was war, und was
Sein wird! Ach nicht alſo fielen den Sterblichen

Ihre Looſe, des Kummers
Frei flieſst keinem das Leben hin.

ZWOTE GEGENSTROFE.

Freuden ſenken ſich oft nieder von gaukelnder
Hofnung Fittig; doch oft täuſchet den Erdenſohn,
Leichten Tritts ihn umtanzend,
Seiner flatternden Lüſte Schwarm.

Keine Kunde wird ihm, bis er auf glimmendes
Feuer ſezet den Fuſs! — Hört das geprieſene
Wort, das einſt aus dem Munde
Menſchenlehrender Weisheit ſcholl:

Gut dünkt Böſes, es dünkt böſe das Gute dem,
Deſſen Sinne verwirrt Gottes vertilgender
Fluch! Nur fliegende Tage,
Und ihn haſcht des Verderbens Schlund.

Siehe, Haimon, deines Geſchlechts
Jüngſtſproſſendes Reis! wie uns ahndet, kummererfüllt
Über der Jungfrau Antigonä Tod,
Und bejammernd die Täuſchung ihres Ehebetts!

HAIMON. DIE VORIGEN.

KREON.

Bald wird's uns klarer wie dem Seher ſein. —
Mein Sohn, haſt du das Urtheil deiner Braut
Vernommen? Kommſt du wütend, oder liebſt
Du deinen Vater, was er auch beſchleuſst?

HAIMON.

Dein bin ich, Vater, dein Entſchluſs iſt ſtets
Für mich der beſte, dir gehorch' ich gern,
Und meine Hochzeit iſt mir nicht ſo werth,
Sie deinem weiſen Willen vorzuziehn.

KREON.

Wohl, Sohn! du denkſt wie deine Pflicht es heiſcht,
Wenn über deines Vaters Willen nichts
Dir geht! — Drum iſt es aller Männer Wunſch
Zu zeugen Kinder, die gehorchen, die
Des Feindes Bosheit rächen, und die ſo
Des Vaters Freunde ehren wie er ſelbſt.
Wer ſich erzeugt ein ungehorſam Kind,
Was ſagſt du, daſs er thu', als Sorgen ſich
Erzeugen und der Feinde Hohngeſpött?

Laſs nicht die Wolluſt wieder, o mein Sohn,
Dein Herz bethören! wiſſe, kalt wie Eis
Iſt böſer Bettgenoſſin Kuſs, und mehr
Schmerzt falſche Freundſchaft als der Wunde Glut.
Verſchmäh' als deine Feindin dieſes Weib,
Und laſs ſie ſich im Grabe wem ſie will
Vermählen. Bei der That iſt ſie gehaſcht,
Die einzige Empörerin der Stadt.
Nun will ich warlich nicht als Lügner mich
Den Bürgern zeigen. Tödten will ich ſie.
Sie flehe Zeus nur an, des Blutrechts Gott!
Verlezet mein Geſchlechtsgenoſs die Pflicht,
So nähre lieber Fremdlinge mein Tiſch!
Wer redlich iſt daheim, der zeigt ſich auch
Als guter Bürger ſeiner ganzen Stadt;
Wer aber trozend die Geſeze kränkt,
Und zu beherrſchen ſeinen Herrſcher ſtrebt,
Den werd' ich nie des Lobes würdigen.
Ihm, den die Stadt zum Fürſten wählt, gebührt
Gehorſam, ſchwach, gerecht und ungerecht

v. 662. Des Blutrechts Gott, den Rächer der beleidigten Verwandtſchaft.

Sei ſein Gebot: nur dem vertrau' ich's ſelbſt
Befehl zu geben, der gehorchen kann;
Er ſteht im Sturm der Speere, weichet nicht
Von ſeinem Stand, der Seinen tapfrer Schuz!
Kein Übel iſt dem Ungehorſam gleich;
Er iſt der Städte Fluch, er ſtürzet um
Die Häuſer, und im Spieſsgemenge zeucht
Er in die Flucht das Heer. Gehorſam frommt
Den guten Bürgern, ſchüzt ſie vor Gefahr.
Der Herrſchaft Anſehn werde ſtets empor
Gehalten, ungebeugt durch Weiber! heiſcht's
Mein Loos, ſo ſtürze mich der Männer Arm,
Doch nimmer ſei ich ſchwächer als ein Weib!

CHOR.

Uns deucht, wenn uns das Alter nicht bethört,
Daſs alle deine Worte weiſe ſein.

HAIMON.

Die Götter, Vater, pflanzten Weisheit in
Des Menſchen Herz, der Schäze höchſten Schaz!
Ein Urtheil über das zu ſprechen, was
Du ſagſt, vermag ich nicht, und werd' es nie,
Denn andern ſcheint's vielleicht gerecht und gut.

Doch meine Pflicht ist, was ein jeder sagt
Und thut, und wie er murrt, dir kund zu thun.
Dein Aug' ist schreckenvoll dem Mann des Volks,
Er scheut zu reden, was du zürnend hörst;
Ich aber spüre, wie der Tadel schleicht
Im Finstern, wie um diese Jungfrau klagt
Die Stadt, daſs sie, der Weiber würdigste,
So unverdient, so schmählich sterben soll.
Sie, die des Bruders Leiche, wie sie lag
Im Blute, unbegraben, nicht ein Raub
Der Hunde sein lieſs, noch des Vogelschwarms,
Verdiente sie nicht gold'ne Ehren drum?
So schleicht umher das einsame Gerücht.
Von allen Dingen ist mir nichts so werth,
Als deine Wohlfahrt, Vater, und dein Glück!
Denn welche Wonn' ist gröſser für den Sohn,
Als wenn in Ruhm der Vater blüht, und für
Den Vater, als wenn Ruhm den Sohn bekrönt?
Den einzigen Gedanken trage nicht
In dir, du habest, und kein andrer Recht;
Denn wer sich selbst allein nur weise dünkt,
Und andrer Reden und Verstand verschmäht,
Enthüllt sich bald, und zeigt wie leer er sei.

Dem Weiſen iſt es keine Schmach, noch mehr
Zu lernen, und mit angeſtrengter Kraft
Nicht ſtets zu widerſtehn. Siehſt du nicht, wie
Die Bäume, die ſich neigen vor dem Sturz
Des Waldſtroms, ihre Zweige unverlezt
Erhalten, wie die widerſträubenden
Entwurzelt fallen, mit Gewalt geſtürzt?
So auch der Seemann, deſſen Segel ſtets
Dem Sturm' entgegentrozt: einſt trägt die Flut
Ihn auf des Schiffbruchs ſchwankem Scheiterbret!
O hemme deinen Zorn, und öfne du
Dein Herz der Reue! Wenn ich Jüngling mich
Nicht täuſche, ſo iſt dies das treflichſte,
Wenn einen Mann die Weisheit ganz erfüllt;
Wo nicht, denn ach wie ſelten iſt's! ſo preiſ'
Ich den, der von dem Weiſen Weisheit lernt.

CHOR.

Dir, König, ziemt es, wenn er ſagt was ſich
Gebührt, zu hören, und auch, Jüngling, dir
Den Vater. Beider Red' iſt weisheitsvoll.

KREON.

Und wir betagten Männer ſollten wol
Von dieſem Knaben lernen weiſe ſein?

HAIMON.

Kein Unrecht wär's! Ich bin noch jung, doch mehr
Müſst ihr auf Thaten als auf's Alter ſehn.

KREON.

Sind das die Thaten, daſs du Frevler ehrſt?

HAIMON.

Ich will nicht, daſs du Frevler ehren ſollſt.

KREON.

Ward dieſe nicht auf böſer That gehaſcht?

HAIMON.

So ſpricht das Bürgervolk von Theben nicht.

KREON.

Beſtimmt das Volk was ich gebieten ſoll?

HAIMON.

O ſchau, wie ſehr du nun als Knabe ſprichſt!

KREON.

Beherrſcht dies Land ein andrer, oder ich?

HAIMON.

Das Volk, wo Einer herrſchet, iſt kein Volk.

KREON.

Iſt nicht das Volk des Fürſten Eigenthum?

HAIMON.

O ſchön! Beherrſch' allein dein leeres Land!

KREON.

Er ſtreitet, alſo ſcheint es, für das Weib.

HAIMON.

Biſt du das Weib? Ich ſtrebe nur für dich!

KREON.

Mit deinem Vater, Frevler, haderſt du?

HAIMON.

Ich ſehe, daſs du thuſt was Unrecht iſt.

v. 745. Iſt kein Volk. Iſt Pöbel! mag wol ſeine Meinung geweſen ſein.

KREON.

Iſt's Unrecht, daſs ich ſchüze meinen Thron?

HAIMON.

Daſs du die Götter höhneſt, ſchüzt ihn nicht.

KREON.

O Sohn des Fluchs, und ärger als das Weib!

HAIMON.

Du wirſt mich nie als Knecht des Frevels ſehn!

KREON.

Sind alle deine Worte nicht für ſie?

HAIMON.

Für dich, und mich, und für die Todesgötter.

KREON.

Nie wird ſie lebend deines Bettes Weib.

HAIMON.

Stirbt ſie, ſo iſt ihr Tod auch andrer Tod.

KREON.

Verwegner, wagſt du gar mich zu bedräun?

HAIMON.

Iſt Antwort eitler Reden Drohung denn?

KREON.

Du ſollſt bejammern deine Lehren, Thor!

HAIMON.

Wärſt du nicht Vater, nennt' ich ſinnlos dich.

KREON.

O Knecht des Weibes, hemme dein Geſchwäz!

HAIMON.

Du ſelbſt willſt alles ſagen, hören nichts.

KREON.

Und ſo gebührt ſich's! Beim Olûmpos, du
Sollſt deiner Frevelreden dich nicht freun!

(zu der Wache.)

Führt die Verhaſste her! ſie ſterbe hier
Nah vor den Augen ihres Bräutigams!

HAIMON.

Vor meinen Augen ſtürbe ſie, und nah'
An meiner Seite? Wähn' es nicht, und ſei

Gewiſs, du ſchauſt mein Antliz fürder nicht;
Drum wüte nur in deiner Knechte Schaar!

(Er geht ab.)

CHOR.

Er geht, o König, mit des Zornes Eil',
Und unglückſchwanger iſt ein ſolcher Schmerz.

KREON.

Der Überweiſe wage was er will,
Dem Tod' entzeucht er doch die Jungfraun nicht.

CHOR.

Daſs beide ſterben, iſt dein Vorſaz das?

KREON.

Nur die den Leichnam rührte! — wohlvermahnt!

CHOR.

Und welche Todesart beſtimmſt du ihr?

KREON.

Wo keines Menſchen Spur ſich zeigt, will ich
In eine Felſenkluft die Lebende
Verſenken, und der Nahrung ihr ſo viel

v. 783. Der Hungertod ladete Fluch auf das Land. Selbſt denen Römiſchen Veſtalen, die lebend be-

Nur geben, daſs es eine Sühnung ſei,
Die unſre Stadt vor Götterfluch bewahrt.
Da flehe ſie dem Einen Gotte, dem
Sie dient, Aidoneus, der vielleicht ſie hört!
Wo nicht, ſo lerne ſie, daſs ohne Frucht
Der Todesgötter Opferfeier ſei.

(Kreon geht ab.)

CHOR.

ERSTE STROFE.

Unbeſiegter, der du, Eros, in blühender
Mädchenwange verſchanzt, lauſchend im Grüb-
chen liegſt,
Zähmer aller Gewalten,
Herr des Meers und der Herdentrift!

Dir vermag zu entfliehn nicht der Unſterblichen
Einer, dir zu entfliehn keiner der Sterblichen,
Deren Leben ein Tag nur
Iſt; es wütet, den du ergreifſt.

graben wurden, gab man ein Brod, einen Krug Waſſer, eine Flaſche Öhl und einen Topf Milch unter die Erde mit.

790. Eros, Amor.

ERSTE GEGENSTROFE.

Du biſt's, welcher das Herz ſelbſt des Gerechteſten
Beſſern Bahnen entlockt, und es zum Schaden zeucht;
Du erregteſt die Zwietracht
Dieſen Männern des Einen Bluts.

Siegend herrſchet die Luſt, die aus dem Auge der
Braut den Jüngling entflammt; Richter im Fürſtenrath
Sizet Eros, und lächelnd
Afroditä die Siegerin.

Es ergreift uns der Schmerz, und zeucht
Über die Grenze der Pflicht uns hin!
Wir vermögen nicht zu hemmen unſerer Thränen Quell,
Da wir ſehn, wie in das allesverſchlingende
Bette des Todes ſinket Antigonä.

v. 805. Afroditä, Venus.

DAS CHOR. ANTIGONÄ.

ANTIGONÄ.

ZWOTE STROFE.

Schauet, o Bürger des Vaterlands,
Schaut, wie ich wandle den lezten Pfad!
Den lezten Tagesglanz erblickend,
Nimmer beſtrahlt von der Sonne wieder.

Aidäs, der Schlummergebietende,
Führt zum Geſtade des Acherons
Mich, ſeine Braut, ach! welcher Hümäns
Fackel nicht-ſchien, nicht Geſang ertönte!

CHOR.

Bekrönet mit Lob' und mit Ruhm,
Trittſt du in die Grube der Todten ein,
Von der verzehrenden Krankheit ungequält,
Und ungetroffen von des Schwertes Schlag;
Geſezlos ſteigeſt nur du allein
Unter den Sterblichen lebend in die Gruft hinab!

ANTIGONÄ.

ZWOTE GEGENSTROFE.

So wie die Tochter des Tantalos
Einſt, die unſelige Niobe,
Von felſichter Umwachſung, wie vom
Efeu der Spröſsling, gebändigt wurde;

Regen beſtrömt ſie; des Himmels Schnee
Weicht von ihr nie; von der Wimper träuft
Die Thräne raſtlos, nezet ihr den
Buſen! Erſtarren wie ſie das ſoll ich!

CHOR.

Eine Göttin war aus Göttergeſchlechte ſie,
Sterbliche ſind aus Menſchengeſchlechte wir!

v. 825. Niobe, Tantalos Tochter, deren ſechs Söhne und ſechs Töchter von Apollon und Artemis mit Pfeilen erſchoſſen wurden.

Beide zürnten Niobe, weil ſie ſich hatte verglichen
Ihrer Mutter Läto, der Göttin mit roſigen Wangen
Dieſe habe nur zwei, und ſie zwölf Kinder gebohren.

Meines Bruders Überſ. der Ilias, Geſ. 24. v. 602.

Die unglückliche Mutter ward in einen Fels verwandelt, nicht ohne den geheimen Sinn der Fabel, daſs der tiefſte Schmerz zur Sprachloſigkeit verſteinere.

Groſser Ruhm harret, wenn du geſtorben biſt,
dein,
Daſs ähnlich den Looſen der Götter dir ein Loos
In dem Leben und in dem Tode fiel!

ANTIGONÄ.

DRITTE STROFE.

Wehe, o wehe, ihr ſpottet mein!
O, bei den Göttern des Vaterlands!
Noch leuchtet mir des Lebens Strahl; was
Trozet ihr mir, die ich noch nicht todt bin?

Mächtige Bürger! o Kadmosſtadt!
Ihr o Dirzäiſche Quellen! du
Des Wagenlaufes hochberühmter
Hain! o bezeuget der Wahrheit Zeugniſs:

Daſs unbeweint von den Meinen mich,
Todt nicht, und lebend nicht, Frevel bannt
In's unerhörte Grab; Genoſſin,
Ach nicht der Menſchen und nicht der
Schatten!

v. 843. Dirzä, eine Thebaniſche Königin, in eine Quelle dieſes Landes verwandelt.

CHOR.

Den Gipfel der verweg'nen That
Erſtiegſt du, und es bebt durch dich
Die Veſte der Gerechtigkeit;
Du büſseſt väterliche Schuld!

ANTIGONÄ.

DRITTE GEGENSTROFE.

Ach ihr berühret die bitterſten
Qualen, das ſorgenerfüllte Loos
Des Vaters, und den Fluch, der, allen
Kundig, das ganze Geſchlecht verfolget.

Greuel! o mütterlich Ehebett!
Greuel! o frevelnder Liebesſchlaf
Des Vaters und der Unglücksmutter,
Dem ich entſproſste, das Kind des Jammers!

Flüchebelaſtet betret' ich den
Pfad, der hinab zu den Meinen führt! ...
Weh' deinem Ehebunde, Bruder!
Todt biſt du ſelber, und raubſt mein Leben!

v. 864. Polüneikäs hatte die Tochter Adraſts, Königs von Argos, geheiratet, der, um ſeinen

CHOR.

Fromm war zwar deine Liebesthat;
Doch deſſen Herrſchaft, welcher herrſcht,
Darf keiner ſchmähn; die Glut, die dir
Im Herzen flammt, die iſt dein Tod.

ANTIGONÄ.

Unbejammert, freundeberaubt, und ohne
Hochzeit, die ſchon wartete mein, ich Arme!
Werd' ich weggeleitet die ſchnellbefohl'nen
Pfade des Todes!

Ach nicht fürder, heiliges Himmelsauge,
Sonnenfackel! dich zu erblicken iſt mein
Jammerſchickſal, dem der Erbarmung milde
Zähre nicht flieſſet!

Eidam auf den Thebaniſchen Thron zu ſezen, mit ſeinem und ſeiner Bundsgenoſſen Heer Eteokläs angrif. Alſo war dieſe Ehe die Veranlaſſung des wechſelſeitigen Brudermordes.

DIE VORIGEN. KREON.

KREON.

Wiſst ihr nicht, daſs das jammernde Geheul
Des Sterbenden, bis man es hemmt, nicht ſchweigt?
Warum führt ihr nicht ſchnell, wie ich's gebot,
Sie weg, und ſenkt ſie in die tiefe Gruft,
Dort einſam ſie zu laſſen, ob's beſtimmt
Ihr ſei zu ſterben, oder lebend die
Bewohnerin des Grabes dort zu ſein?
Wir ſind von ihrem Blute nicht befleckt,
Verſtoſsen hat die Oberwelt ſie ſchon!

(Kreon geht ab.)

ANTIGONÄ.

O Gruft! o Brautbett! unterirdiſches
Gewölb', o ew'ger Kerker, der mich zu
Den Meinen führet, die in groſser Zahl
Perſefonä hinab in's Schattenreich
Genommen hat! von ihnen bin ich nun
Die Lezte, Unglückſeligſte, die ich
Hinunterſteig', eh meine Lebenszeit
Vollbracht iſt! — Dieſe Hofnung bleibt mir nur,

Daſs ich willkommen meinem Vater, ſehr
Willkommen meiner Mutter werde ſein,
Und euch, o lieben Brüder, weil ich euch,
Als ihr geſtorben war't, mit eigner Hand
Gebadet und geſchmückt, und eure Gruft
Benezt mit Todtenopfer hab'. — Ach nun
Iſt, Polüneikäs, dies mein Lohn dafür,
Daſs ich die Schmach von deiner Leiche nahm!
Doch dem, der weiſer urtheilt, dünkt gerecht
Des Todten Ehre. — Wär' ich Mutter, wär'
Ich Wittwe, lägen meine Kinder und
Mein Gatte grablos, würd' ich dieſe That
Nicht wagen wider das Gebot der Stadt.
Warum ich alſo denke? Stirbt ein Mann,
So mangelt nicht ein andrer, und des Sohns
Verluſt erſezt des andern Sohns Geburt;
Wenn aber in der Gruft der Vater und
Die Mutter ſchlummern, kann kein Bruder mir

v. 905. Der Dichter hat hier die Antwort der Gemahlin des Intafernäs im Sinne, die ſie Darius gab, als er ſich wunderte, daſs ſie nicht ihren Mann, nicht eins ihrer Kinder, ſondern ihren Bruder wählte, da der König ihr die grauſame Wahl nur Eines Lebens überlieſs.

Siehe *Herodot. Thalia* 119.

Gebohren werden: drum iſt's, daſs ich dich
Vor allen ehrte, daſs ich Kreons Haſs
Für meine Frevelthat, ſo dünkt ſie ihm,
Mir auflud, o mein Bruder! — Ach nun faſst
Er mich mit ſeiner Hand und zeucht mich weg,
Mich Gattenloſe, die der Brautgeſang
Nicht fei'rt, die nicht des Ehеglücks genoſs,
Und nicht der Mutterfreuden! Einſam und
Verlaſſen ſteig' ich lebend in die Gruft
Der Todten! Welch Geſez der Götter hab'
Ich übertreten? Ach ich Arme! was
Erheb' ich noch zu ihnen meinen Blick?
Wen fleh' ich an zum Retter, da mir für
Die fromme That des Frevels Strafe wird?
Scheint das den Göttern recht, ſo will ich gern
Die Buſse dulden, und verzeihn; und ſind
Die Sünder jene, ſo begehr' ich nicht,
Daſs ſie ertragen gröſs'res Leid, als mir
Von ihnen ungerecht iſt auferlegt.

CHOR.

Noch brauſet in ihr des empörten Gemüts
Sturm, und reiſset ſie fort.

DIE VORIGEN. RKEON.

KREON.

Ihre Geleiter sollen mit Geheul
Mir die Säumniss büssen, die ich verbot!

ANTIGONÄ.

O wehe! wie nahe folgt
Diesen drohenden Worten der Tod!

KREON.

Ich verkünde dir keinen Trost;
Was beschlossen ist, soll geschehn!

ANTIGONÄ.

O Vaterland!
O ihr Götter unsers Geschlechts!
Sie reissen mich weg, mein Leben ist dahin!
Schauet, o Fürsten der Kadmosstadt,
Was ich einzige Tochter des Königstamms
Erduld', und von welchen Männern! weil ich that,
Was die heilige Pflicht mir gebot.

v. 944. In diesem Augenblicke des Ernstes und des hohen Gefühls ist ihr das Bild der Schwester erloschen, die sich geweigert hatte die Genossin der edlen That zu sein.

CHOR.

ERSTE STROFE.

Im eh'rnen Kerker ſchmachtete Danae;
Des Himmels Glanz beſtrahlte der Dulderin
Das Antliz nicht! im Graun der Gräber
Lag ſie gefeſſelt, die Heldentochter!

Ihr Schoos verbarg die Ströme des goldenen
Kronion-Samens! . . . Stark iſt des Schickſals Kraft!
Ihr trozt vergebens Krieg und Sturm und
Schanz' und das Schiff, das die Wogen furchet.

ERSTE GEGENSTROFE.

Den zornempörten Fürſten, den Drüasſohn,
Bezähmte Bachos, feſſelt' am Felſen ihn,

v. 947. Akriſios, König der Archiver, durch einen Götterſpruch gewarnt, daſs ſein Enkel ihm den Tod geben würde, verſchloſs ſeine Tochter, die ſchöne Danae, in einen ehernen Thurm; doch Zeus drang als ein goldener Regen hinein, und ward durch ſie der Vater des tapfern Perſeus. Siehe *Horaz. Od. B. 3. Od. 16.*

v. 955. Drüas Sohn, der ſtarke Lükurgos, lebte nicht lange,

Wo er die Schmähſucht büſste, wo ſein
Wahnſinn zugleich mit der Kraft ihm weg-
ſchwand.

Er lernte was es ſei, mit der Zunge Hohn
Der Götter ſpotten! Er, der die Bachosglut
Auslöſchte, der Mänaden Feier
Störte, die Muſen zum Zorne reizte.

ZWOTE STROFE.

Da, wo die Klippe hoch aus dem Zwillings-
meer
An Bosporos Geſtaden empor ſich hebt,
Wo Salmüdäſſos fleuſst, da ſahe
Thrazia's Aräs die Scheuſalwunden

Welcher ſich mit den Göttern, des Himmels Be-
wohnern entzweite,
Und des wütenden Dionüſos Ammen verfolgte
Vom geweihten Nüſſäiſchen Gipfel — — —

Meines Bruders Überſ. der Ilias, 6. 124.

v. 963. Die Küaneä waren felſichte Inſeln des Thraziſchen Bosporos.

v. 965. Am Ufer des Thraziſchen Ströms Salmüdäſſos war ein Tempel des Mars.

Der Söhne Fineus! Ach in die Wimper goſs
Die Aftermutter Schatten der Blindheit ein!
Nicht mit dem Schwert, mit blut'gen Händen
That ſie es ſelbſt, und der Weibernadel.

Verzehrt vom Grame weinten die Jammernden,
Entſproſst der Unglücksehe, der Mutter Tod,
Der Tochter Boreas, des Urſtamms
Edelſten Sproſſe, vom Blut' Erechtheus.

In fernen Grotten war ſie emporgeſproſst
Bei väterlichen Stürmen, mit Roſſeseil'
Auf Felſen hüpfend — doch des Schickſals
Bande beſtrickten auch ſie, wie dich nun!

v. 967. Der König Fineus hatte von ſeiner Frau, Kleopatra, der Tochter des Boreas, zween Söhne, Plexippos und Pandion. Nach ihrer Mutter Tode ſtach ihre Stiefmutter, Idaia, ihnen die Augen aus, und verſchloſs ſie lebend in eine Gruft, um von ihrem Gemahl, der ſeine Söhne todt glaubte, ſeine Schäze zu erben.

KREON. CHOR. TEIRESIAS, VON EINEM KNABEN GELEITET.

TEIRESIAS.

O Thebens Fürſten, zween Männer nah'n
Sich euch, von Eines Blick geleitet, der
Des Blinden Führer auf der Wandrung iſt.

KREON.

O Greis, bringſt du uns neue Botſchaft mit?

TEIRESIAS.

Hör' an, und thue was der Seher ſagt.

KREON.

Hab' ich nicht immer deinem Rath gefolgt?

TEIRESIAS.

Drum haſt du dieſe Stadt auch wohl geſteu'rt.

KREON.

Durch deine Hülfe, das bezeug' ich dir.

TEIRESIAS.

Auch nun ſei weiſe, denn es ſteht dein Fuſs
Izt auf der Meſſerſchärfe deines Glücks.

KREON.

Was ist's? Wie scheu' ich deines Mundes Wort!

TEIRESIAS.

Du sollst's erfahren, aber erst vernimm
Die Wunderzeichen meiner Seherkunst:
Ich sass auf meinem alten Zauberstuhl,
Nach Vögeln spähend, die sich rings um ihn
Versammelten; da klang ein wunderbar
Wildschallendes Getön von Vögeln, die
Mit lautem Fittigschlag, in toller Wut
Sich rauften mit der blut'gen Krallenklau;
Das hört' ich, denn der Schall war mir bekannt.
Die Angst ergrif mich, ich erforschte schnell
Das Feueropfer auf dem Glutenherd;
Die Flamme strahlte nicht, der feuchte Dampf
Erhob sich funkensprühend und mit Rauch;
So schwand das Eingeweide weg, das Fleisch
Der Lenden lag vom Nierenfett' entblösst.
Dies Zeichen eines dunkeln Opferspruchs
Hat dieser Knabe mir erzählt, der so
Mein Führer ist, wie ich's der andern bin.
Du bist's, der unsrer Stadt das Elend häuft:

Befleckt, entweiht iſt Herd und iſt Altar
Von Vögeln und von Hunden, deren Fraſs
Der unglückſel'ge Sohn des Ödipus
Geweſen iſt. Drum nehmen nicht von uns
Gebet und Opfer und des Weihrauchs Glut
Die Götter an. Kein Vogel ſingt uns mehr
Ein günſtig Zeichen, denn gemäſtet ſind
Sie mit des Todten Leichnams Fett und Blut.
Bedenke das, mein Sohn! Zu irren iſt
Das allgemeine Loos der Sterblichen;
Nur der iſt weiſ' und glücklich, der ſich nicht
Beruhiget in ſeinem Irrthum, der
Das Übel, das er that, zu heilen ſtrebt:
Doch Eigendünkel iſt der Thorheit gleich.
O ſtreite mit dem Todten nicht! Laſs ihn
Unangetaſtet! Welcher Mut iſt das,
Den Todten tödten? Alſo ſpricht der Rath
Der Freundſchaft, und zu lernen, wenn ſie lehrt
Was unſer Vortheil heiſcht, iſt wohl gethan.

KREON.

O Greis, ein jeder ſchieſst auf mich den Pfeil,
Als wär' ich aller Schüzen Ziel: dein Spruch

Bethört mich nicht; verrathen und verkauft
Bin ich schon längst von eurer Seherzunst.
Strebt nach Gewinn! Erkauft von Sardis euch
Elektrum, und vom Indos reines Gold;
Dennoch erwerbt ihr keine Gruft für ihn!
Und wenn Zeus Adler des Zerfleischten Raub
Zu seinem Throne trügen, wollt' ich doch
Die Rache drum nicht scheun, und ihm ein Grab
Verstatten; denn ich weiss, der Mensch vermag
Der Götter Heiligkeit nicht zu entweihn.
O Greis, mit vieler Schande fallen oft
Berühmte Männer, wenn sie für Gewinn
Mit schlauen Worten sagen was nicht taugt.

TEIRESIAS.

Ach! wer der Menschen weiss es und bedenkt's —

v. 1032. Die Könige der Lüdier und Frügier folgten dem Beispiele ihres Ahnherrn Midas, und verwandelten alles, was ihre Hände nur erreichen konnten, in goldene Schäze, deren sie einen üppigen Überfluss in Sarden hatten.

v. 1033. Elektrum, Bernstein, auch Gold mit einem Funftel Silbers versezt.

KREON.

Und was? Wie allgemein iſt was du ſagſt?

TEIRESIAS.

Wie aller Schäze Schaz die Weisheit iſt!

KREON.

Und wie die Thorheit jeden Schaden würkt!

TEIRESIAS.

Von dieſer Krankheit biſt du angeſteckt.

KREON.

Dem Seher ſag' ich keine Läſterung.

TEIRESIAS.

Zeihſt du nicht doch der Falſchheit meinen Spruch?

KREON.

Die Seherbrut iſt nicht dem Silber feind.

TEIRESIAS.

Die Königsbrut liebt ſchändlichen Gewinn.

KREON.

Und weiſst du, daſs du das dem König ſagſt?

TEIRESIAS.

Ich weiſs es, ich der Retter dieſer Stadt.

KREON.

Du, weiſer Seher, biſt dem Truge hold.

TEIRESIAS.

Du zwingſt mich mein Geheimniſs zu enthüll'n.

KREON.

Enthüll' es! aber unbeſtochen ſprich!

TEIRESIAS.

Nur du ſiehſt mich mit ſolchen Augen an.

KREON.

Sei deſs gewiſs, daſs du nicht mich erkauffſt!

TEIRESIAS.

So wiſſe denn: nicht vieler Kreiſe Bahn
Vollbringt die Sonne, eh' aus deinem Blut'
Ein Spröſsling für die Todten büſsen wird.
Du haſt die Lebende mit Schmach der Gruft
Geweiht, den Leichnam läſſeſt grablos du
Vermodern, und beraubeſt ihres Rechts
Die Todesgötter; das gebührt nicht dir

Zu thun, und ſelbſt den Obergöttern nicht.
Du frevelſt: doch es lauern ſchon auf dich
Die Rächerinnen, die der Hadäs und
Die Götter ſenden, die Erinnen; ja,
Es harret dein, was du den andern thuſt.
Nun prüf', ob ich es dir, durch Geld erkauft
Verkünde. Bald wird dir es das Geheul
Der Männer und der Weiber im Pallaſt
Kund thun! Dich haſſen alle, dir empört
Die Stadt ſich, die der Vogel und der Hund
Befleckt, und den Altar und heil'gen Herd
Mit ſchnödem Leichenſtank entheiligt hat.
So hab' ich denn in meines Herzens Zorn,
Du reizteſt mich! wie Schüzen thun, den Pfeil
Auf dich geſchoſſen. Fruchtlos bleibt er nicht,
Und du entfliehſt nicht ſeines Brandes Glut.

(an ſeinen Führer.)

O Knabe, leite mich zur Heimat hin,
Daſs er auf jüng're Männer ſeinen Zorn
Ausgieſse: fürder zähm' er ſeine Zung',
Und lerne klüger, als er izt iſt, ſein!

(Teireſias geht ab.)

CHOR.

Der Mann, o König, geht, und kündet uns
Verderben an. Seit unſer ſchwarzes Haar
In weiſse Locken ſich verwandelt hat,
Iſt keine Lüge ſeinem Mund' entflohn.

KREON.

Ich weiſs es, und die Sorge foltert mich.
Hart iſt es nachzugeben! doch es bebt
Das Herz, wenn naher Jammer uns bedroht.

CHOR.

O Kreon, wir bedürfen guten Rath.

KREON.

Sagt was zu thun iſt: ich will folgſam ſein.

CHOR.

Geh, zeuch die Jungfrau aus der tiefen Gruſt,
Und gieb dem Unbeſtatteten ein Grab.

KREON.

Daſs ich mich ſchmiegen ſoll, begehrt ihr
das?

CHOR.

Und augenblicklich, König! denn es hascht
Der Götter Rache schnell die Schuldigen.

KREON.

O wehe! kaum vermag ich's. — Doch es sei!
Schwer ist der Kampf, wenn uns das Schicksal zwingt.

CHOR.

Geh selbst, und lass es nicht durch andre thun.

KREON.

So geh' ich denn. — Ihr Diener, wo ihr seid,
Ein jeder wafne sich mit einer Axt,
Und eile zu dem wohlbekannten Ort!
Ich selber habe sie gefesselt, selbst
Will ich sie lösen! das ist mein Entschluss.
Ich fürcht', am besten ist es, lebenslang
Zu thun, was ewiges Gesez gebeut.

(Kreon und seine Begleiter gehen ab.)

CHOR.

ERSTE STROFE.

Ruhmgekrönter, du Stolz deiner Kadmäischen
Mutter, du, den im Sturm zeugte der Donnergott,
Der du über Eleusis
Waltest, über Italia!

Der du herrschest am Strom, welcher die Mutterstadt
Theben wässert, o du, der du mit deiner Wut
Die Bachanten begeisterst,
Bachos, Schüzer der Drachensaat!

ERSTE GEGENSTROFE.

Dir erhebt sich der Rauch auf dem Parnassischen
Zwillingsgipfel, und dich feiert der schwärmenden

v. 1113. Wenn auch dieser, meines Wissens in allen Ausgaben befindliche Name Verdacht erwecken könnte, so lasset es uns doch der schönen, mit Wein gesegneten Italia gönnen, hier genannt zu sein.

v. 1114. Der Fluss Ismänos.

Nümfen Chor auf den Hügeln,
Dich am Bache Kastalia.

Dich geleiten, wenn du wieder gen Theben zeuchst,
Von dem Rebengestad' und von den Efeuhöh'n
Laute Jubel und deines
Reigens frohe Gesänge heim.

ZWOTE STROFE.

Von den Städten ist dir keine wie Theben werth,
Deiner Mutter und dir, — die dich in donnernden
Blizen aus der Umarmung
Zeus Kronions empfangen hat. —

Angst und Jammer ergreift deine geliebte Stadt,
Und das klagende Volk! Komm, o du Retter, komm

v. 1128. Semelä, Kadmos Tochter, wollte sich der Liebe des Zeus nur unter der Verheissung ergeben, dass er sich ihr in eben der Herrlichkeit wie der hohen Härä (Juno) nahe. Er that's, und die Sterbliche ward verzehrt in der Umarmung des Donnergottes. Ihren empfangenen Sohn erzogen die Nümfen.

Schwebend über Parnassos
Und des ächzenden Meeres Sund!

ZWOTE GEGENSTROFE.

Reigenführer des Heers flammenergiessender
Sterne, Stifter des Fests und der erschallenden
Nachtgesänge, Kronions
Sohn, wir flehen, o Bachos, dir!

Nahe, nahe dich uns, du, und der Naxischen
Nümfen rasendes Chor, und der Thüaden Schwarm,
Die in nächtlichen Tänzen
Feiern, König des Jubels, dich!

v. 1133. Die Euböische Meerenge.

v. 1134. In den Geheimnissen des Bachos wurde er, so wie Osiris, als Sonne verehrt. Orfeus sagt: Hälios, den wir auch Dionüsos nennen. — Selbst dieser Name, ob er gleich im höheren Sinne Διὸς νῦς, Gottes Verstand, bedeutet, hat doch auch eine Anspielung auf die Bahn, welche die Sonne vollendet. So auch der Römische Name Liber, quod liber et vagus est.

Macrob.

v. 1138. Naxos, eine Insel des Ägäischen Meeres, berühmt wegen ihrer Bachosfeier.

Bachatamque jugis Naxon.

Virg.

DAS CHOR. EIN BOTE.

DER BOTE.

Ihr, die ihr wohnet in Amſions Burg,
Ihr Enkel Kadmos, fürder ſei von mir
Des Menſchen Leben nie gelobt und nie
Getadelt: denn das Glück erhebt und ſtürzt
Den blühenden und den verworf'nen Mann,
Und unſer Schickſal ſpäh't der Seher nicht.
Kreon, ſo däuchte mir, war neidenswerth:
Er hatte von den Feinden dieſes Land
Befreit, und ſaſs auf unbeſchränktem Thron;
Geſegnet war ſein Reich, und ſein Geſchlecht
Hob ſich mit edlen Sproſſen ſtolz empor.
Dahin iſt alles! Wen der Freude Luſt
Verlaſſen hat, der, dünkt mir, lebt nicht mehr,
Der athmet nur aus todtem Leichnam noch.
Ein Mann ſei über ſeinen Wunſch begabt
Mit Reichthumsfüll', er prang' im hohen Glanz
Der Königswürde; wenn die Freud' ihn flieht,

v. 1142. Amſion hatte durch die Harmonie ſeines Geſanges und ſeiner Leier die Mauern von Theben erbauet.

So würd' ich all sein lustberaubtes Glück
Nicht kaufen für den Schatten eines Rauchs.

CHOR.

Bringst du dem König Kummerbotschaft mit?

DER BOTE.

Todt sind sie! und die Lebenden sind Schuld.

CHOR.

Wer hat getödtet? sprich! und wer ist todt?

DER BOTE.

Haimon ist todt, erwürgt von eig'ner Hand.

CHOR.

Schlug ihn sein Vater, oder er sich selbst?

DER BOTE.

Dem Vater zürnend hat er's selbst vollbracht.

CHOR.

Wie wahrheitsvoll, o Seher, war dein Spruch!

DER BOTE.

Ach! wir bedürfen mehr des guten Raths!

CHOR.

Seht dort des Königs unglückſel'ges Weib,
Eürüdikä! Sie tritt aus dem Pallaſt
Vielleicht von Ungefehr, vielleicht hat ſie
Von ihrem Sohn die Sage ſchon gehört.

DIE VORIGEN. EÜRÜDIKÄ.

EÜRÜDIKÄ.

O lieben Bürger! ich vernahm ein Wort
Auf meiner Schwell', als ich mit Weihgelübd'
Und Flehn Athänä zu verſühnen ging.
Ich löſ'te des Pallaſtes Pfortenſchloſs,
Da drang mir durch die Öfnung in das Ohr
Des Unglücks Stimme, das mein Haus verfolgt.
Ich ſtürzte für Entſezen rücklings in
Der Mägde Schoos, und ſinnlos bin ich noch.
O ſagt mir's wieder, welche Red' es war:
Ich bin der Unglücksbotſchaft wohlgewohnt:

DER BOTE.

Ich, liebe Fürſtin, ſage was ich ſah',
Und halte nichts zurück, was Wahrheit iſt.

Sollt' ich dich täuschen, und hernach mich dir
Als Lügner zeigen? Nur die Wahrheit siegt.
Ich folgte deines Ehegatten Tritt
Zur Höhe, wo, zerfleischt von Hunden, noch
Der Leib des armen Polüneikäs lag.
Da flehten wir um Nachlass ihres Zorns
Persefonä und Pluton, wuschen ihn
Mit heil'gem Wasser, streuten frisches Laub,
Und was von ihm noch übrig war, verschlang
Die Flamme, wir erhoben ihm ein Grab
Von aufgehäuftem Rasen, wo er lag,
Und gingen zu der steinbeworfnen Gruft
Der Jungfrau, zu Aidoneus Ehebett.
Da hörte einer, dass ein Winseln sich
Aus ihrem ungeweihten Grab' erhob,
Und sagt' es laufend unserm Herrscher an.
Der Ahndung Trauerstimme tönte schnell
In Kreons Ohr, und weinend rief er aus
Dies Jammerwort: O ich elender Mann!
Ergreift mich Seherkraft, und wall' ich nun
Den unglückseligsten der Pfade, die
Ich jemals wallte? Meines Sohns Geschrei

Drängt mich! . . . . Ihr Diener, eilet schnell zur Gruft,
Zum aufgehäuften Kieseldamm, und steigt
Hinab, und seht, ob Haimons Stimme mir
Erschallet, oder ob ein Gott mich täuscht. —
Was unser Herr verwirrtes Sinns gebot
Erfüllten wir, und fanden, wo die Gruft
Am tiefsten war, die Jungfrau schwebend und
Erdrosselt mit dem Gürtel des Gewands,
Und ihn, der fest um sie die Arme schlang,
Der seines Vaters That, und seine Braut,
Und statt des Ehebetts die Todtengruft
Mit lautem Ungestüm bejammerte. —
Kreon erblickt' ihn, ging mit ängstlichem
Geschrei zu ihm, und rufte weinend aus:
Elender! welchen Vorsaz hegst du? was
Vollbringst du? welcher Jammer tödtet dich?
Ich flehe dir, o komm heraus, mein Sohn! —
Aus wilden Augen starrt' ihn Haimon an
Mit Blicken der Verachtung, schwieg, und zog
Sein Schwert; des Vaters Flucht vereitelte
Den Stoss; und zürnend wider sich, so wie

Sein Arm gehoben war, ſenkt' er es ſich
Tief in die Bruſt, der Unglückſelige!
So lange noch das Leben dau'rte, drückt'
Er ihren weichen Buſen an ſein Herz,
Und athmete den lezten ſchnellen Hauch
Auf ihre blaſſe, blutbedeckte Wange. . .
So ruht der Todte bei der Todten! Sein
Harrt nun die Hochzeit in dem Schattenreich.
Er lehrt uns, daſs die raſche That, die nicht
Die Weisheit hört, dem Menſchen Qual ge-
biert.

(Eürüdikä geht ab.)

CHOR.

Was ahndet dir davon? Die Königin
Verſchwindet plözlich, ſprachlos eilt ſie weg!

DER BOTE.

Ich ſtaune ſelber; doch es tröſtet mich
Die Hofnung, daſs ſie ihres Sohns Geſchick
Nicht hier vor aller Ohr bejammern will,
Daſs ſie den Mägden im Pallaſt gebeut,
Die Klage zu beginnen. Weiſ' iſt ſie,
Und was die Pflicht verbeut, das thut ſie nicht.

CHOR.

Wir wiſſen's nicht. Das todte Schweigen ſcheint
Uns furchtbar; eitel iſt der laute Schmerz.

DER BOTE.

Ob ihr empörtes Herz was ſich nicht ziemt
Verbirgt, will ich erſpähn: ich geh' hinein;
Denn furchtbar iſt ihr Schweigen, wie ihr ſagt.

CHOR.

Sieh', es erſcheinet der König; er trägt
In den Armen den Leichnam des todten Sohns.
Nur durch ihn, wenn's uns zu ſagen iſt vergönnt,
Kam, nur durch eigene Schuld, das Weh' über ihn.

KREON. DIE VORIGEN.

KREON.

ERSTE STROFE.

Ach unſühnbare, todgebährende Miſſethat
Des ſinnloſen Mannes!
Schauet, die Mörder und
Die Erſchlagenen ſproſsten aus Einem Stamm!

Wehe, wehe, o wehe meinem gefluchten Rath!
Mein Sohn, o du Jüngling,
Starbeſt den frühen Tod!
O! und nicht durch die deine, durch meine Schuld!

CHOR.

Zu ſpät ſiehſt du die Rache Gottes nah'n!

KREON.

ZWOTE STROFE.

Auf meine Scheitel ſinket die ſchwere Laſt
Aus Gottes Hand; ſie iſt's, die den Elendspfad
Mich führt; nun ſtampf' ich auf der Menſchen
Freuden! — O Jammer der Erdenſöhne!

DIE VORIGEN. EIN BOTE.

DER BOTE.

O Herr, wie viele Leiden duldeſt du!
In deinen Armen liegt der eine Schmerz,
Und im Pallaſte harrt der andre dein!

KREON.

Sind gröſs're Qualen noch als meine Qual?

DER BOTE.

Dein Weib iſt todt! Ihr zartes Mutterherz
Iſt ihr gebrochen durch des Sohnes Tod.

KREON.

ERSTE GEGENSTROFE.

Ach unſühnbarer, allverſchlingender Todesſchlund,
Vertilgeſt du auch mich? . .
Botſchaft des Jammers, o!
Mich Getödteten tödteſt noch einma du!

Was, o Knabe, des neuen Elends verkündet m.
Das Wort, das du ſageſt?

Ach! iſt die Mutter, iſt
Sie gefolgt zu den Schatten dem tod-
ten Sohn?

DER BOTE.

Schau hin, es birgt ſie der Pallaſt nicht mehr!

(Es öſnen ſich die Thüren, und der Leichnam der Königin wird geſehen.)

KREON.

ZWOTE GEGENSTROFE.

O weh! ich ſchaue, ſchaue die zwote Qual!
Ach! was des Schickſals lauert verderbend noch
Auf mich? In meinen Armen liegt der
Sohn, und ich ſehe der Mutter Leich-
nam!

DER BOTE.

Bei dem Altar zuckte ſie das Schwert;
Da ergoſs ihre Wehklage ſich
Über Megareus, ihren erſten Gemahl,
Und über ihren Sohn; doch es erſcholl zulezt
Dir, dem Kindermörder, ihr Fluch:
Da erloſch ihrer ſchwarzen Augen Glanz.

KREON.

DRITTE STROFE.

Wehe! wehe!
Ich ſchaudre für Schrecken! Warum zuckt
Nicht einer auf mich das ſcharfe Schwert?
Ach! ich Jammervoller, ach!
Mit Elend iſt mein Schickſal vermiſcht!

DER BOTE.

Dir gab die Sterbende die Schuld: es ſei
Dein Werk des Jünglings und der Jungfrau Tod.

KREON.

Wie löſ'te ihres Lebens Band ſich auf?

DER BOTE.

Sie ſelber traf mit eigner Hand ihr Herz,
Da ſie den Jammertod des Sohns vernahm.

KREON.

VIERTE STROFE.

Wehe, o wehe mir! Keiner der Sterblichen
Hat es vollbracht, als ich, nur ich!
Nur mein iſt die Schuld!
Ich habe dich getödtet, o ich Unſeliger!

O ihr Knechte!
Führet eilend mich,
Führet ferne mich weg!
Schon iſt mein Leben dahin!

CHOR.

Was du gebeutſt, iſt Troſt, wenn in der Qual
Ein Troſt noch iſt. Der Leiden kürzeſte
Sind ſtets von allen die erträglichſten.

KREON.

DRITTE GEGENSTROFE.

Eile! eile!
Du leztes der Looſe, das mir fällt,
Erſcheine mir ſchön! O bringe mir
Meines Lebens Endetag,
Daſs fürder kein Tag mehr für mich ſei!

DER BOTE.

Das iſt der Zukunft Werk. Der Götter Sorg'
Iſt ſie; dich kümmre nur was izt geſchieht!

KREON.

Das, was ich wünſche, darnach ſehn' ich mich.

DER BOTE.

O wünſche nichts! Der Qual, die das Geſchick
Dem Sterblichen beſtimmt, entflieht er nicht!

KREON.

VIERTE GEGENSTROFE.

Führet, o führet mich nichtige Erdenlaſt
Eilend hinweg, der ich erſchlug
Dich, Sohn, und dich, Weib!
Mein Aug' empor zu heben, o ich vermag's nicht mehr!

O es tobet mein
Unſtern! ſein iſt dies
Wehe, jenes auch ſein,
Das ſchon bedrohet mein Haupt!

CHOR.

Weiſe zu ſein iſt die Quelle des Glücks;
Zu verehren, was göttlich iſt, heiſchet die Pflicht.
Gewaltige Strafe züchtiget das groſse Wort
Der Hoffärtigen, und lehret ſie
Im ſpäten Alter weiſe zu ſein.

DIE

TRACHINERINNEN.

AN

E B E R T.

PROLOG DES ÜBERSEZERS.

Die Liebe, die in ihrer rechten Hand
Dem Sterblichen den Wonnebecher beut,
Den Giftkelch in der linken, reichte sie
Härakläs beide, mit der Süssigkeit
Des Nektars jenen, diesen mit dem Hauch
Gewürzt der Todespflanze; beide bis
Zum Rand gefüllt, und mit der Ros' umkränzt,

Nicht ohne Dornen! Liebe war's, die ihn
In's Knechtschaftsjoch der schönen Omfalä,
Den Allbezwinger, zwang! und Liebe, die
Zum Krieg' ihn in Euböa rüstete.
In Trümmer sank die Königsburg, und sein
Wardst du Ïola. Als Gefang'ne sandt'
Er sie voraus, und folgte selber nach.
Die Eifersucht, die Brems', umflatterte
Bald Däjaneira; da gedachte sie
Des Täuschungsraths, den Nessos, sterbend von
Härakläs Hand und giftgetränktem Pfeil,
Ihr gab, durch Liebeszauber ewig fest
An sich zu bannen ihres Gatten Herz.
Sie sandt' entgegen ihm ein Feierkleid
Gesalbt mit Wunderkräften — Da ergoss

Der Qualen wütendste sich über ihn,

Und ihr erlag Zeus unbezwung'ner Sohn.

Auch sie erlag dem Seelenleiden, schwieg,

Und hob den Dolch, und senkt' ihn sich in's Herz.

Handelnde Personen.

HÄRAKLÄS. (Herkules.)

DÄJANEIRA, ſeine Gemahlin.

HÜLLOS, beider Sohn.

LICHAS, ein Herold.

KRIEGSGEFANGENE WEIBER, unter ihnen IOLA, die Königstochter.

EINE MAGD.

EIN GREIS.

DÄJANEIRA'S AMME.

DAS CHOR, beſtehend aus Weibern und Jungfrauen von Tràchis.

Der Schauplaz iſt vor dem königlichen Pallaſt in Trachis, einer Theſſaliſchen Stadt.

DÄJANEIRA. EINE MAGD.
DAS CHOR.

DÄJANEIRA.

Ein langbewährter Spruch der Menſchen ſagt:
Es wiſſe keiner, eh' er ſterb', ob ihm
Sein Leben glücklich oder elend ſei;
Ich aber weiſs, eh' mich das Grab verſchleuſst,
Daſs meins unglücklich iſt und kummervoll.
Hat wol ein Griechiſch Weib ſo hart wie ich
Der Brautſchaft Sorg' empfunden, als ich noch
Im Hauſe meines Vaters Öneus war?
Ein Freier kam, der Fluſs Acheloos,
Und warb um mich in drei Geſtalten, bei
Dem Vater: als ein Stier trat er einher,
Wand ſich, ein bunter Seedrach', und erſchien,

v. 8. 9. Öneus, ein König in Ätolien. Acheloos, ein Fluſs dieſes Landes.

Des Leibes Rumpf ein Mann, das Haupt ein
Stier;
Aus ſeines Bartes Schatten ſprudelten
Die Bäche wie aus einem Quell herab.
So war der Bräutigam, mit dem ich mich
Vermählen ſollte: raſtlos wünſcht' ich mir
Den Tod, eh' ich berühren müſste ſolch
Ein Ehebett, ich Unglückſelige!
Doch endlich kam, und wie willkommen war
Er mir! Kronions und Alkmänä's Sohn,
Der plözlich einen Kampf mit ihm begann,
Und mich erlöſ'te. Dieſes Streitgefecht
Beſchreib' ich nicht; wie könnt' ich? jeder, der
Das Schauſpiel angſtlos ſah, erzähl's! Ich ſaſs
Gefoltert von der Furcht, es werde mir
Die Schönheit ſein ein Quell von vielem Gram.
Zeus gab dem langen Zweikampf' endlich ein
Beglücktes Ende, wenn ich glücklich das
Kann nennen; denn ſeitdem das Loos mir fiel,
Häraklä́s Bett zu theilen, leb' ich ſtets
Für ihn beſorgt, und eine Furcht gebiert
Die andre Furcht; die Nacht, die ihn zurück
Geleitet, treibt zur Arbeit und Gefahr

Ihn wieder weg; wir haben Kinder, doch
Er sieht sie nur, so wie der Ackermann
Das ferne Feld zur Saat- und Erntezeit.
So ist das Leben, das mir den Gemahl,
In welcher Dienstbarkeit, das weiss ich nicht,
Zur Heimat führt, und von der Heimat stösst.
Wenn er als Sieger eine Heldenthat
Vollbracht hat, dann ergreift am stärksten mich
Die Sorge; denn seitdem er Ifitos
Erschlug, sind wir Verwies'ne einsam hier
Bei unserm Gastfreund' in Trachina; wo
Er aber hingegangen sei, das weiss
Kein Sterblicher, und bittre Schmerzen hat
Mir seine lange Wandrung auferlegt.
Fast weiss ich's, dass ein Unglückszufall ihm
Begegnet sei, denn kurze Zeit ist's nicht;
Schon funfzehn Monde sind es, dass wir hier
Vergebens harren auf des Boten Fuss.
Ein Unglück ist geschehn! — Ach! als er ging,
Liess er ein Täflein mir; ich flehe stets
Den Göttern, dass ich's nicht zur Qual erhielt!

v. 43. Ifitos, Sohn des Euböischen Königes Eurütos.

v. 45. Käüx, König in Trachis, die auch Trachina heisst.

DIE MAGD.

O Fürſtin Däjaneira, oftmal ſah'
Ich dich mit vielen Thränen unſern Herrn
Bejammern, der von uns gezogen iſt;
Wenn's einer Magd vergönnt iſt, ihren Rath
Der Freien zu entdecken, und du mir
Erlaubſt zu reden, ſo befrag' ich dich:
Warum, da du ſo reich an Söhnen biſt,
Verſendeſt du nicht einen, daſs er dir
Des Gatten Späher ſei? Vor allen ziemt
Es Hüllos, daſs er Sorge trage, wie
Sein Vater leb', und was ſein Schickſal ſei.
Doch ſiehe, leichtes Fuſses kommt er ſelbſt,
Und wenn du meine Worte nicht verſchmähſt,
So kannſt du nuzen ſeine Gegenwart.

DIE VORIGEN. HÜLLOS.

DÄJANEIRA.

(an Hüllos.)

Mein liebes Kind, der Wahrheit Stimme fleuſst
Selbſt aus unedlem Munde; dieſe Magd
Spricht Worte, wie's der Freien ziemt zu thun.

HÜLLOS.

O ſag' es, Mutter, wenn ich's wiſſen darf.

DÄJANEIRA.

Dir ſei es Schmach nicht zu erforſchen, wo
Dein Vater nun ſo lange ſchon verweilt.

HÜLLOS.

Darf ich der Sage trau'n, ſo weiſs ich es.

DÄJANEIRA.

Und welcher Erdenwinkel hält ihn, Sohn?

HÜLLOS.

Schon iſt's die zwote Pflugzeit, daſs als Knecht
Er einem Weibe dient in Lüdia.

DÄJANEIRA.

Vermag er das, ſo kann er alles thun!

HÜLLOS.

Doch heisst's, er sei von ihrem Joch befreit.

DÄJANEIRA.

Und nun? wo weilt er, lebend oder todt?

HÜLLOS.

Euböa's Stadt, die Burg des Eurütos,
Bekämpft er, oder ist bereit dazu.

DÄJANEIRA.

Ist dir die Weissagung bekannt, die er
Von diesem Lande so bestimmt mir liess?

HÜLLOS.

O sage, Mutter, denn ich weiss sie nicht.

DÄJANEIRA.

Er werde seines Lebens Ende dort
Beschliessen, oder wenn er seinen Kampf
Siegreich vollende, harre sein hernach,
So lang das Leben daure, Freud' und Heil.
Willst du in dieser Stunde der Gefahr
Ihm nicht ein Helfer sein? Wir leben, wenn
Dein Vater lebt, und sterben, wenn er stirbt.

HÜLLOS.

Ich gehe, Mutter; längst wär' ich bei ihm,
Hätt' ich den Göttersspruch vorher gehört:
Nun läſst das Glück, das meinen Vater stets
Begleitet, uns für ihn in Angst nicht sein!
Doch ich will eilen wie ich's nur vermag,
Die ganze Wahrheit des Gerüchts zu spähn.

DÄJANEIRA.

Wohlan, mein Sohn, wer gute Thaten thut,
Folgt er gleich fremdem Rath, erkauft Gewinn.

(Hüllos geht ab.)

CHOR.

ERSTE STROFE.

Du, den die weichende Sternennacht
Gebiert, dem die kommende Schlummer bringt,
Mit Gebet flehen wir dich, Sonnengott,
O verkünd' uns wo er säumt, Flammender, wo!

Du, der mit strahlendem Glanze glüht,
Verkünde, wo säumet Alkmänä's Sohn!

Auf dem Meer? Hält ihn des Lands Zwillingsſchoos?
Der du ſchauſt alles was iſt, ſag' es uns, Gott!

ERSTE GEGENSTROFE.

Sehnſucht verzehret das Weib, das einſt
Der Sieg ihm erſtritt; wie der Nachtigall
So ertönt klagend ihr Schmerz; raſtlos quelln
Aus dem Aug' ihr herab Thränen des Grams.
Kummerbelaſtet verſchmachtet ſie
Im trauernden Bette der Wittwenſchaft;
Es umſchwebt Schrecken und Angſt ſie, und füllt
Sie mit Graun, ferne von dem, deſſen ſie harrt.

ZWOTE STROFE.

Mit Ungeſtüm und ſchäumend erhebt,
Wenn der Südwind brauſet oder der Nord,

v. 109. Die älteſte Eintheilung der Erde war in Aſia und Europa.

Sich das Meer — Siehe wie ſtürzt Wog'
auf Wog'
Donnernd einher, zahllos und ſchnell!

Alſo erhebt ſich wider den Held,
Den die ſchöne Alkmänä Zeus gebahr,
Noth auf Noth; doch es beſchirmt ihn,
der nie
Wich von der Bahn, göttlicher Schuz.

ZWOTE GEGENSTROFE.

Mit Warnungsworten ſagen wir dir,
Was den Schmerz dir ſtillt, was lieblich dir
tönt;
Stoſse nicht — höre die Pflicht, die's
gebeut! —
Beſsres Geſchicks Hofnungen weg!

Es giebt der allbeherrſchende Gott
Unvermiſcht von Schmerz den Sterblichen
nichts;
Freud' und Gram drehen im Kreiſ' immer
ſich,
So wie des Pol's Wagen ſich dreht.

DAS GANZE CHOR.

Nächte hüllen nicht ewig die Sterblichen ein, und nicht ewig
Drückt ſie die Laſt des Geſchicks,
Ewig iſt nicht die Dauer des Segens! Genuſs und Entbehrung
Wechſeln mit plözlichem Schwung.
Halt', o Königin, feſt in deinem Herzen die Hofnung
Und das gewiſſe Vertraun!
Wer hat je es geſehn, daſs Zeus Kronion für ſeine
Kinder nicht Rettung erſann?

DÄJANEIRA.

Die Sage meines Elends kam zu euch,
So ſcheint's; doch meine ganze Seelenqual,
Ach fühlt ſie nimmer! theilt ihr nicht mit mir.
Die Mägdlein weiden immer ungeſtört
Auf eigner Blumenflur, von der ſie nicht
Der Sonne Glut, nicht Sturm noch Regen ſcheucht;
In Freuden flieſst ihr Leben kummerlos,

Bis eine wird ſtatt Jungfrau Weib genannt:
Dann ſtürzet auch auf ſie die ſchwere Laſt
Der Sorgen Nacht und Tag; die Angſt ergreift
Sie für die Kinder oder für den Mann!
Auch euer harrt es: wenn die Stunde kommt,
So wägt nach euren Nöthen meine Noth!
Schon vieles Leid hab' ich bejammert; keins
War aber je wie dieſes. Hört mich an:
Als dieſe lezte Reiſe mein Gemahl
Häraklās unternahm, ſo lieſs er mir
Daheim ein altes Täflein, angefüllt
Mit ſchriftlichen Geboten, die er nie
Mir hatte vormals anvertraut, wenn er
Zu groſsen Thaten, nicht zum Tode, ging.
Die Schrift beſtimmt, als ob er fürder nicht
Zu leben dächte, welches Wittwentheil
Ich nehmen möge, welches Erbſchaftsgut
Der Kinder väterliche Habe ſei;
Die Zeit der Wandrung ſezt er auf ein Jahr
Und noch drei Monde; kehrt' er dann nicht heim,
So ſei ihm ſeiner Tage Ziel geſezt;
Doch könn' er ſeinem Tod' entfliehn, ſo harr'
Ein kummerloſes Leben künftig ſein.

Dies ſei das Ende ſeiner Mühen, ihm,
So ſagt er, von den Göttern ſelbſt beſtimmt;
Denn alſo hab' aus altem Eichenſtamm
Vormals das Taubenpaar geweisſagt in
Dodona. Die Erfüllung dieſes Spruchs
Wird nun nicht ſäumen, denn die Zeit iſt da.
Drum hat aus ſüſsem Schlummer mich die Angſt,

v. 177. Dodona, das älteſte Orakel in Griechenland, geſtiftet von Promätheus Sohn, Deukalion, dem Wiederherſteller des durch die Sündflut untergegangenen Menſchengeſchlechts. Herodot erzählt: Äguptiſche Prieſterinnen hätten in der älteſten Vorzeit ihre Sprüche unter den Dodoniſchen Eichen geſungen. — Die Sage, welche ſie in Tauben verwandelt, war vermutlich daher entſtanden, weil in der Theſſaliſchen Sprache das Wort: Schwarze Taube, auch eine alte Weisſagerin bedeutete. Vielleicht könnte auch die Ägüptiſche Hieroglüfe, die mit einer ſchwarzen Taube eine Wittwe bezeichnete, als der Urſprung dieſer Fabel angegeben werden. Deukalion liebte überdem die Tauben, und hatte ſich ihrer in ſeiner Arche, eben ſo wie Noah in der ſeinigen, bedient. Eine aus heiliger Quelle gefloſſene Erzählung, die wir in Plutarchs Geſpräche über die Frage finden: Ob die Land- oder die Waſſerthiere die klügeren ſind?

Reisk. Ausg. Th. 10. S. 37.

Ihr Lieben, aufgeſchreckt, daſs mein Gemahl,
Der Männer beſter, mir entriſſen ſei.

CHOR.

Ach rede ſo nicht! Sieh', es nahet ſich
Ein ſchönbekränzter Freudenherold uns.

DIE VORIGEN. EIN GREIS.

DER GREIS.

O Königin, ich bin der erſte, der
Von deiner Angſt dich löſ't: Alkmänä's Sohn
Iſt lebend und iſt Sieger; aus der Schlacht
Bringt er den Landesgöttern Erſtlingsraub.

DÄJANEIRA.

O welche Botſchaftsworte ſprichſt du, Greis!

DER GREIS.

Daſs bald dein hochgefei'rter Ehgemahl
Mit ſeiner Krieger Schaar erſcheinen wird.

DÄJANEIRA.

Sprach ſo der Bürger? ſprach der Fremdling ſo?

DER GREIS.

Der Herold Lichas hat es kund gethan,
Dort auf der Rinderwieſe. So wie ich
Es hörte, flog ich her, daſs du's zuerſt
Durch mich vernehmſt, und daſs ich einen Lohn
Von dir empfah', und dir willkommen ſei.

DÄJANEIRA.

Wo ſäumt er, da er Segensbotſchaft bringt?

DER GREIS.

O Weib, er kämpft mit vieler Hinderniſs;
Denn alles Volk von Mälia umringt
Im Kreiſ' ihn, und verzögert ſeinen Schritt.
Selbſt will ein jeder hören, was er ſchon
So lange wünſcht', und läſst ihn nicht, bis er
Nach Herzensluſt die Sehnſucht hat geſtillt.
Unwillig ſäumt er unter denen, die
Ihn halten; aber bald wirſt du ihn ſehn.

DÄJANEIRA.

Du, der du Öta's unbeſchornes Haupt
Bewohnſt, o Zeus, du giebſt, zwar ſpät, doch du

v. 199. Mälia, eine Theſſaliſche Stadt nahe bei Trachis.
v. 206. Öta, ein Berg Theſſalia's.

Giebſt Freuden uns! — Laſst laut, o Jungfraun, nun
Im Hauſ' und vor dem Hauſe den Geſang
Erſchall'n! Ein Strahl des ungehoften Lichts,
Der Segen allen bringet, geht uns auf!

(Däjaneira geht mit dem Greiſe ab.)

CHOR.

STROFE.

Mit des Geſangs Jubelgetön
Jauchzet, ihr Jünglinge, denen bald
Erröthend die Braut in die Arme ſinkt!
Jauchzet und ſchwingt euch im Feiertanz!

Und der Päan töne das Lob
Föbos Apolls, dem der Köcher hell
Erklingt auf der Schulter, und der des Feſts
Männerumwimmelten Reihn beſeelt.

GEGENSTROFE.

In des Gesangs sanfterem Laut
Singet, ihr Jungfrauen, Artemis,
Die Zwilling des Gottes, die hoch einher
Strahlt mit der Fackel in jeder Hand,

Die des Gewilds Tödterin ist!
Singt die begleitenden Nümfen — Ha!
Wie lodert in uns der Begeistrung Glut!
Tönet, o Flöten, der Göttin Lob!

DAS GANZE CHOR.

Wie die Gewalt schnell uns ergreift,
Ha! des geschwungenen Thürsosstabs!
Sie stürmt uns in sausendem Schwung' hinweg,
Io Päan! in den Jubelkreis!

(an Däjaneira, die wiederkommt.)

Die du hervor, Edelste, trittst,
Öfne das Auge zum Wonneblick!
Verbannt ist der Kummer, verbannt der Gram!
Sieh', es umschweben die Freuden dich!

DÄJANEIRA. DER GREIS. DAS CHOR. LICHAS.

(Lichas führt eine Schaar gefangener Weiber zu ihr, unter denen Iola iſt.)

DÄJANEIRA.

Ich ſeh' es, lieben Weiber; wenn ich nicht
Den Zug, der nah't, erblickte, wär' ich blind.

(an Lichas.)

Willkommen ſag' ich, Herold, dir zuerſt
Nach langer Zeit, wenn du uns Freuden bringſt.

LICHAS.

Vom Glück geleitet komm' ich, und verkünd'
Euch Freudenbotſchaft, wie die Wahrheit heiſcht;
Drum, Weib, gebühret mir dein Segensgruſs.

DÄJANEIRA.

O ſage mir zuerſt, du lieber Mann,
Was ich vor allen hören will: werd' ich
Den lebenden Härakläs wiederſehn?

LICHAS.

Ich hab' ihn lebend, ſtark, und blühend, als
Ich ging, verlaſſen, keiner Krankheit Raub.

DÄJANEIRA.

War's in der Fremde? war's im Vaterland?

LICHAS.

Auf dem Euböischen Gestad' erhob
Er Zeus zum Garbenopfer einen Herd.

DÄJANEIRA.

War's ein Gelübd'? befahl's ein Götterspruch?

LICHAS.

Ein angelobtes Opfer, da sein Schwert
Der Weiber Land verheerte, die du schaust.

DÄJANEIRA.

Wer sind sie, bei den Göttern! und woher?
Bejammernswürdig scheint mir ihre Noth.

LICHAS.

Als er die Stadt des Eurütos bezwang,
So wurden sie der Götter Loos und seins.

DÄJANEIRA.

War's diese Stadt, die ihn die lange Zeit
Zu säumen zwang, die Tage sonder Zahl?

LICHAS.

Nein; denn am längſten, wie er ſelber ſagt,
Ward er in Lüdia, als Freier nicht,
Zurückgehalten, als gekaufter Knecht. —
O ſtille deinen Zorn! Zeus hat's gethan.
Ihn hatte Omfalä, das harte Weib,
Gekauſt, und er vollbracht' in ihrem Dienſt
Ein volles Jahr, ſo ſagt er. Dieſer Schimpf
Nagt' ihn ſo ſcharf, daſs er im Zorn den Eid
Sich ſchwur, den Unglücksſtifter ſeiner Schmach
Zum Knecht zu feſſeln, ihn und Weib und Kind.
Sein Eidſchwur war nicht fruchtlos, und ſobald
Er durch der Knechtſchaft Buſse von dem Mord
Entſündigt war, ſo ſammelt' er ein Heer,
Und zog zur Stadt des Eurütos, von dem
Er ſagte, daſs nur er, und keiner ſonſt
Der Sterblichen, dies Leid ihm hab' erregt.
Denn als Häraklās ihn in ſeiner Burg
Beſuchte, ſeinen alten Gaſtfreund, reizt'
Er ihn am eignen Herd durch argen Hohn
Und Stichelreden: ob Häraklās zwar —
So prahlt' er — nimmerirrendes Geſchoſs

Im Köcher habe, so vermög' er nicht
Den Bogen seiner Söhne zu bestehn,
Dass er vor ihm, wie vor dem Herrn der Knecht,
Sich beugen müsse. Endlich stiess voll Weins
Er ihn vom Gastmahl; da ergrif der Zorn
Häraklās, und als Ifitos zurück
Von fernen Stutentriften kam, und hier
Die Augen hatte, die Gedanken dort,
Stürzt' er vom Klippenfelsen ihn hinab.
Ob dieser That entbrannte Zeus, der Herr
Und Vater aller im Olümpos, liess
Sie ungestraft nicht sein, und sandt' ihn zum
Verkauf. Dies war der erste Mann, den er
Mit List erschlug: hätt' er sich offenbar
Gerochen, hätt' ihm Zeus, weil er mit Recht
Die Hand erhob, verziehn; doch Frevel ist
Der Götter Greuel! Jene auch, die sich
Im Stolz der bösen Zungen blähten, sind
Nun alle Hadäs Bürger, ihre Stadt
Ist unterjocht, die Weiber, die du siehst,
Verwechselten den Segen mit der Noth.
Sie nah'n sich dir; so hat es dein Gemahl
Geboten, und ich folge seinem Wink.

Er ſelber, wenn er ſeinem Vater Zeus,
Zum Dank für ſeinen Sieg, das Opferfeſt
Vollbracht hat, wird nicht ſäumen. Alſo ſei
In einer langen frohen Rede dir
Das lezte Wort auch das erwünſchteſte.

CHOR.

Groſs iſt dein Glück, o Fürſtin! du erblickſt
Des Sieges Zeugen, hörſt der Freude Wort.

DÄJANEIRA.

Wie ſollt' ich mich nicht freun, daſs mein Gemahl
Mit Glück und mit Gerechtigkeit die That
Vollbracht hat, deren Ruhm auch meiner iſt?
Und doch, wenn wir's bedenken, ſchreckt uns Angſt,
Daſs Unfall drohe dem, der glücklich iſt.
Mich faſst ein bittres Mitleid, dieſe Schaar
Der Dürftigen zu ſehn, die vaterlos
Und heimatslos das Fremdlingsland umirrt.
Die Armen! die vielleicht aus freiem Blut
Entſproſsten, die der Knechtſchaft Joch nun drückt!

O Zeus, du Retter, laſs mich nimmer ſehn
Dich alſo zürnen wider mein Geſchlecht!
Doch iſt's dein Wille, o ſo ſei's nicht weil
Ich lebe! — Ach ihr Anblick ſchreckt mich ſo!

(zu Iola.)

Du Unglückſeligſte, wer biſt du? ſprich!
Schon Gattin? oder Mutter? — Doch du ſcheinſt
Jungfräulich-unerfahren! Edel, das
Bezeugt dein Anſtand mir, biſt du gewiſs. —
Aus welchem Stamm iſt dieſe Fremde? ſag'
Es, Lichas: wer gebahr, wer zeugte ſie?
Bei ihr verweilt mein Mitleid länger als
Bei jenen; weiſ' und ſittſam ſcheint ſie mir.

LICHAS.

Was weiſs ich? und was fragſt du mich? Vielleicht
Ein Spröſsling keines niedrigen Geſchlechts.

DÄJANEIRA.

Vielleicht vom Königsblut des Eurütos?

LICHAS.

Ich weiſs nicht; ſorgſam hab' ich's nicht erforſcht.

DÄJANEIRA.

Hat keine der Gefährten sie genannt?

LICHAS.

Niemals, und schweigend that ich mein Geschäft.

DÄJANEIRA.

Sag' es, Unglückliche, mir selbst: auch das
Ist Schmerz dir, nicht erkannt von mir zu sein.

LICHAS.

Sie wird nicht jezt den Mund eröfnen, den
Sie nie die ganze Zeit geöfnet hat,
Uns kund zu thun, es sei gross oder klein.
Ohn' Unterlass bejammert sie die Last
Des Unglücks; ihre Thränen rinnen stets,
Seitdem sie ihrer Väter Stadt verliess.
Zwar ist's ihr eigner Schade, wenn sie schweigt;
Doch dein Verzeihn verdienet ihre Noth.

DÄJANEIRA.

Sie thue wie sie will. Lass sie hinein
Mit stiller Ruhe gehn; ich will ihr nicht
Durch neuen Kummer ihre Leiden, die
Genug sie quälen, mehren; alle woll'n

Wir heim gehn, du zu treiben welch Geſchäft
Du willſt, und ich zu ſorgen für mein Haus.

(Lichas geht mit den Weibern ab.)

DER GREIS.

(an Däjaneira.)

O weil' ein wenig, daſs du höreſt fern
Von allen, wer ſie ſind, die du bewirthſt.
Du weiſst von ihnen nicht was dir gebührt
Zu wiſſen, aber mir iſt's wohlbekannt.

DÄJANEIRA.

Aus welcher Urſach' hemmſt du meinen Tritt?

DER GREIS.

Verweil' und höre! meine Botſchaft war
Nicht eitel jüngſt, auch dieſe ſoll's nicht ſein.

DÄJANEIRA.

Soll ich ſie wieder rufen, oder willſt
Du mir's und dieſen Weibern nur vertraun?

DER GREIS.

Ich ſag' es euch allein; laſst jene gehn.

DÄJANEIRA.

Sie ſind gegangen; ſage dein Geſchäft.

DER GREIS.

Der Wahrheit Richtſchnur maaſs des Herolds Wort,
Das er dir ſagte, nicht; dich oder uns
Betrog die Lügenbotſchaft, die er ſprach.

DÄJANEIRA.

Was ſagſt du? rede deutlich was du meinſt;
Denn unverſtändlich iſt mir was du ſprichſt.

DER GREIS.

Ich hab' es ſelbſt gehört, daſs dieſer Mann
Vor vielen Zeugen ſagte: dein Gemahl
Sei dieſes Mägdleins wegen nur allein
Gezogen wider Eurütos, und hab'
Öchalia, die hochgethürmte Stadt,
Genommen; unter allen Göttern hab'
Ihn Eros nur gereizt zu dieſem Krieg',
Und nicht die Mühe ſeiner Dienſtbarkeit
In Lüdia und bei der Omfalä,
Noch Ifitos, den er vom Felſen warf;
Das iſt nur Vorwand, der uns täuſchen ſoll.

v. 375. Öchalia, die Königsſtadt des Eurütos auf der Inſel Euböa.

Als er den Vater nicht bewog das Kind
Ihm heimlich zur Genoſſin ſeines Betts
Zu geben, ſucht' er eine Urſach' in
Geringer Schuld, und überzog die Stadt
Mit Kriegsmacht, wo ihr Vater herrſchte, ſchlug
Den König Eurütos, und plünderte
Die Stadt, und kehrt nun, wie du ſiehſt, zurück.
Nicht abſichtlos, und nicht als Magd hat er
Sie dir geſandt, o wähn' es nicht! und wär's
Wol glaublich, da in ihm die Liebe glüht?
Ich muſste, deucht mich, alles, Königin,
Dir kund thun, was ich nur von ihm vernahm.
Auf unſers Marktes Mitte hörten's ſo
Wie ich der Bürger viele, die der Lüg'
Ihn zeihen mögen! — Meine Rede ſchmerzt
Dich zwar, doch Wahrheit iſt es was ſie ſagt.

DÄJANEIRA.

Ach ich Elende! was beginn' ich? welch
Verderben hab' ich heimlich in mein Haus
Geführt! und o der Herold wuſste nicht

Des Weibes Namen, wie er ſchwört? — Es ſtrahlt
Ihr Aug', und edel iſt Gebehrd' und Wuchs!

DER GREIS.

Sie iſt die Tochter Eurütos, und heiſst
Iola; ihr Geſchlecht hat Lichas nicht
Erwähnt, doch blieb es ihm wol unerforſcht?

CHOR.

Nicht alle Böſen lohne Fluch! doch den,
Der heimlich thut was ihm die Pflicht verbeut.

DÄJANEIRA.

Was iſt zu thun, ihr Weiber? Ach mich faſst
Ein Schauder bei den Worten, die er ſpricht!

CHOR.

Geh und erforſch' es ſelbſt von Lichas; ſchnell
Wird er's geſtehn, wenn du mit Zwang ihm drohſt.

DÄJANEIRA.

Ich bin wie ihr geſinnt, und gehe weg.

CHOR.

Soll'n wir verweilen oder mit dir gehn?

DÄJANEIRA.

Bleibt hier! der Herold tritt aus eignem Trieb'
Und ungerufen aus dem Hauſ' hervor.

DIE VORIGEN. LICHAS.

LICHAS.

Was ſag' ich an Härakläs, Weib, von dir?
Ich bin zur Wandrung, wie du ſiehſt, bereit.

DÄJANEIRA.

So lange ſäumteſt du, und eilſt nun ſchon,
Eh' du der Kundſchaft mehr von ihm mir giebſt?

LICHAS.

Hier bin ich, wenn du mehr erfahren willſt.

DÄJANEIRA.

Wirſt du die Wahrheit treulich mir geſtehn?

LICHAS.

Beim groſsen Gott! ich ſage was ich weiſs.

DÄJANEIRA.

Welch Weib ist's, das du hergeleitet hast?

LICHAS.

Euböa ist ihr Land; doch welches Stamms
Sie sei, vermag ich nicht dir kund zu thun.

DER GREIS.

Schau' auf, und siehe, Mensch, mit wem du redst!

LICHAS.

Und du, aus welchem Grunde sagst du das?

DER GREIS.

Ermanne dich, und sprich wie sich's gebührt!

LICHAS.

Es ist die Fürstin Däjaneira, wenn
Kein Wahn mich täuschet, Öneus Tochter und
Härakläs Gattin, deren Knecht ich bin.

DER GREIS.

Das wollt' ich von dir hören; sagst du nicht,
Du seist ihr Knecht?

LICHAS.

So ſag' ich, und ſo iſt's.

DER GREIS.

Wohl! welche Strafe haſt du denn verdient,
Wenn ſie entdecket, daſs du ſie bethörſt?

LICHAS.

Wie täuſch' ich ſie? du ſelbſt erſinnſt Betrug.

DER GREIS.

Nicht ich, du thuſt es, und mit böſer Liſt.

LICHAS.

Ich geh', und thöricht war's nicht längſt zu gehn.

DER GREIS.

Erſt gieb ein kurzes Wort mir zum Beſcheid.

LICHAS.

Sprich was dich lüſtet, denn du ſchweigſt nicht gern.

DER GREIS.

Kennſt du das Weib, das du begleitet haſt?

LICHAS.

Ich hab's ja ſchon geſagt, was fragſt du mich?

DER GREIS.

Sagſt du nicht ſelbſt, Iola, Eurütos
Erzeugte, ſei's, die du ſo ſchlau verkennſt?

LICHAS.

Wo? und an wen? Es komm' und bringe dir
Ein Zeugniſs deſſen Ohr es ſelbſt vernahm!

DER GREIS.

Hat's nicht von dir der Bürger groſse Schaar
Auf unſers Marktes Mitte ſelbſt gehört?

LICHAS.

Die Sage hörten ſie, doch zweierlei
Iſt die Behauptung und ein leer Gerücht.

DER GREIS.

Und welche Sage? Schwurſt du nicht, das Weib,
Das du geleiteſt, ſei Härakläs Braut?

LICHAS.

Ich? Seine Braut? O bei den Göttern, ſprich,
Du meine Herrin, wer iſt dieſer Greis?

DER GREIS.

Der's ſelbſt von dir gehört hat, daſs die Stadt
Aus Liebe für dies Weib vertilget ſei;
Nicht Omſalä, Iola habe Schuld.

LICHAS.

Weg mit dem Menſchen! Fürſtin, Fiebertraums-
Geſchwäz zu horchen, ziemt dem Klugen nicht!

DÄJANEIRA.

Bei Zeus, dem Donnerer auf Öta's Höh,
Beſchwör' ich dich, verheele du mir nichts!
Du ſagſt es keiner böſen Ehefrau,
Und keiner, die des Menſchen Herz nicht kennt,
Das ſich nicht ewig gleicher Luſt erfreut.
Wer ſich zum Kampfe mit dem Liebesgott
Als Fechter rüſtet, traun der iſt ein Thor!
Er iſt der Götter Herrſcher wie ihn ſelbſt
Gelüſtet, und auch meiner! ſollt' er's nicht
Auch einer andern ſein, die das, was ich
Empfinde, fühlt? Ich wäre ſinnlos, zürnt'
Ich meinem Manne, daſs die Krankheit ihn
Ergriffen hab', und dieſem Weibe, das

Mich nicht beſchimpft und nicht beleidigt. —
Nein,
Das kränkt mich nicht! Iſt er es, der dich lehrt
Zu lügen, o ſo lernſt du was nicht taugt;
Und lehrſt du's ſelber dich, ſo wird der Trug
Enthüllt, ſo ſehr du dich auch redlich ſtellſt.
Sprich denn die Wahrheit! einem Freien iſt
Des Lügners Name bittrer als der Tod.
Mir heelſt du es umſonſt; du ſelber haſt
Es vielen ſchon geſagt, die thun's mir kund.
Schreckt dich die Furcht? vergebens zitterſt du;
Es nicht zu wiſſen, das nur kümmert mich.
Erfahr' ich's, welch ein Unglück? Iſt nicht mein
Häракläs vieler Weiber Mann? Doch hat
Nicht eine je von mir ein böſes Wort
Gehört: auch dieſer harrt von mir kein Schimpf,
Und ſchmölz' er auch in ihrer Lieb'; ich ſäh'
Erbarmungsvoll ſie an. Die Schönheit iſt's,
Die ihr das Leben kränkt, die ihre Stadt
Geſtürzt, und ſie zur Knechtſchaft hat verdammt. —
Genug! der Wind verweht's! — Ich ſage dir,
Belüge fürder wen du willſt, nicht mich!

CHOR.

Gehorch' ihr; ſie hat Recht! und dankbar wird
Sie künftig dich belohnen, und auch wir.

LICHAS.

O liebe Fürſtin, weil ich ſehe, du
Verkennſt nicht, ſelber eine Sterbliche,
Die Sterblichen, und weiſst wie's ihnen ſei,
So will ich alles wahrhaft ſagen, nichts
Verheelen: alſo iſt es wie er ſagt.
Des Mägdleins Liebe hat ihn ungeſtüm
Ergriffen; ihretwegen ward zerſtört
Die jammervolle Stadt Öchalia.
Er hat mir nicht befohlen — meine Pflicht
Gebeut mir das zu ſagen — dir es zu
Verbergen, und zu lügen, fragteſt du;
Ich ſelbſt, o Fürſtin, hab' aus Furcht, dein Herz
Zu kränken, dies Verſehn begangen, wenn
Die gute Abſicht ein Verſehn dich dünkt.
Weil du nun alles weiſst, ſo bitt' ich dich
Um deines Mannes willen und zugleich
Um deinetwillen, liebe ſie, und laſs

Die Worte, die du ſagteſt, Wahrheit ſein!
Er, der ein Sieger aller war, iſt nun
Durch ſeine Liebe für dies Weib beſiegt!

DÄJANEIRA.

So bin ich auch geſinnt zu thun: laſst uns,
Den Göttern widerſtrebend, neue Noth
Nicht auf uns ziehn — Komm nun mit mir in's Haus,
Daſs ich dir ſage, was mein Auftrag ſei.
Auch Gegengaben will ich, wie ſich ziemt
Daſs du ſie bringſt, bereiten; denn du ſollſt
Mit leerer Hand nicht gehn, der du zu mir
Als Führer eines ſolchen Zuges kamſt.

(Sie gehen ab, nur das Chor bleibt.)

CHOR.

STROFE.

Küpris ſtrahlet im Glanz ewiger Siegesmacht;
Götter beugen ſich ihr; doch es beſinget nicht
Unſer Lied, wie ihr Zauber.
Täuſchte Zeus und den Schattengott,

Und den Herrſcher des Meers — Singt, wie mit rüſtigen
Gliedern gingen zum Streit um die geliebte Braut
Zween Freier, umſchallt von
Kampfgetöſ' und von Staub' umweht.

GEGENSTROFE.

Acheloos, der Strom, kam in des Stiers Geſtalt,
Hochgehörnt, es erbebt' unter dem ſtampfenden
Rinderhuf'; und von Theben
Kam Zeus Sohn mit geſchwungener

v. 524. Küpris Venus. Das Chor beſingt den Kampf des Härakläs und des Fluſsgottes Acheloos, beide Freier der ſchönen Däjaneira.

Keul', und Bogen und Speer; Sehnſucht des bräutlichen
Bettes trieb ſie; es ſtand Küpris im Kreiſe, mit
Goldnem Stabe, des Kampſes
Waltend, Siegesentſcheiderin!

DAS GANZE CHOR.

Da klang Waffengetön', und mit der Fäuſte Wut
Hörnerkrachen vermiſcht, ringend erhoben und
Beugten ſie ſich, es dröhnte
Stirn' an Stirn', und Geſeufz' erſcholl;

Jammernd ſaſs am Geſtad', in der Erwartung Angſt,
Starres Auges, die Braut, ihres Gefechtes Preis,
Ach nun bald von der Mutter
Wie ein ſehnendes Kalb getrennt!

DÄJANEIRA. CHOR.

DÄJANEIRA.

Indess dass unser Gast im Hause von
Den kriegsgefangnen Weibern Abschied nimmt,
Komm' ich zu euch heraus, um insgeheim
Euch zu erzählen meine schlaue That,
Und zu beweinen meine Noth mit euch.
Ach keine Jungfrau, eine Gattin hab'
Ich aufgenommen, wie der Schiffer sich
Zum eignen Untergang die Überlast!
So werden wir nun beid' in Einem Bett'
Ihm in den Armen ruhn! Dies ist der Lohn,
Den mir mein treuer, hochgepries'ner Mann
Für meine lange Hausbewahrung giebt!
Zwar kann ich wider ihn nicht zürnen, dass
Die ofterlitt'ne Krankheit ihn ergreift;
Und dennoch welches Weib vermag mit der
Zu hausen, die mit ihr die Ehe theilt?
Bei ihr wächst stets die Jugendschöne noch,
Und welkt bei mir hinweg; das Auge strebt
Von jener lüstern ihren Blütenschmuck
Zu pflücken, und der Fuss schleicht weg von mir.

Häraklä̈s, fürcht' ich, heiſst nur mein Gemahl,
Und iſt des jungen Weibes Ehemann. —
Jedoch, ſagt' ich's nicht ſchon? der klugen Frau
Ziemt nicht der Zorn; hört welche Heilung ich,
Ihr Lieben, mir erſann in meiner Qual:
Seit vielen Jahren heg' ich ein Geſchenk
Des alten Neſſos, das ein eh'rner Krug
Verſchleuſst, und das, als ich noch Jungfrau war,
Der haarige Kentauros ſterbend mir
Aus ſeiner Wunde gab. Es war ſein Brauch,
Die Wanderer für Fährlohn über'n Strom
Des rauſchenden Evänos auf dem Arm',
Und ohne Ruder, ohne Segelwerk,
Zu tragen. Als ich meines Vaters Haus
Zuerſt verlieſs, Häraklä̈s Braut, und er
Mich auf der Schulter trug, grif er mich an
Mit frechen Händen mitten in dem Strom';
Ich ſchriee laut, und plözlich wandte ſich
Zeus Sohn, und ein gefiedertes Geſchoſs
Flog ſchnell aus ſeiner Hand, und ziſchend drang's

v. 579. Evänos, ein Ätoliſcher Fluſs.

Durch Bruſt und Lunge, ſterbend ſagte mir
Das Ungeheuer: Öneus Tochter, du
Wirſt groſsen Vortheil, wenn du mir gehorchſt,
Durch dieſe Überfahrt gewinnen, die
Für mich die lezte meines Lebens iſt.
Wenn du in deiner Hand das ſchwarze Blut
Gerinnen läſst, das meiner Todeswund'
Entfleuſst, wo mich der giftgetränkte Pfeil
Des Lernadrachen traf; ſo wird es dir
Ein Liebeszauber deines Gatten ſein,
Daſs nie ſein Aug' ein andres Weib mit mehr
Begierd' anſchauen werde als dich ſelbſt.
Deſs ward ich eingedenk — denn ſorgſam ruh't

v. 596. Der Drache von Lerna war eine ſchreckliche, vielköpfige Hüdra, die Härakläs, obgleich ſtatt jedes von ihm abgehauenen Rachens ein anderer gegen ihn aufwuchs, dennoch endlich erlegte. Der Sieger tauchte ſeine Pfeile in das giftige Drachenblut, und machte dadurch ihre Wunden unheilbar. Horaz, der in Hannibals Seele das Römiſche Volk mit dieſer Hüdra vergleicht, ſagt:

So Lerna's Drache, wie ihn des Schwertes Hieb
Verheerte, wuchs er ſtärker, mit immer neu
Entſproſsten Schlünden, wider Zeus Sohn,
Der ſich, ergrimmend, beſiegt ſchon wähnte.

Nach Nessos Tode mir der Schaz daheim —
Und nezte dies Gewand, so wie er's mir
Befohlen hatte da er starb. Nun ist's
Vollbracht: ich habe keine Frevelkunst
Gebraucht; die kenn' ich nicht, und will sie nie
Erlernen, denn ich hasse den, der's wagt.
Besiegt der Liebeszauber dieses Weib,
Und zeucht er meinen Mann zu mir zurück,
So ist das Werk vollendet; aber dünkt
Es Unrecht euch, so bleib' es ungethan.

CHOR.

Unweise scheint uns dein Ersinnen nicht,
Wenn nur die Würkung deine Hofnung krönt!

DÄJANEIRA.

Auf leeren Glauben gründet mein Vertraun
Sich nur, denn selber hab' ich's nie versucht.

CHOR.

Nicht glauben, wissen solltest du's! Was nicht
Erfahrung prüft', entschlüpft Getäuschten leicht.

DÄJANEIRA.

Bald woll'n wir's wiſſen! ſeht, er öfnet ſchon
Die Thüre, plözlich wird er bei uns ſein.
Bewahret mein Geheimniſs! Bleibt's verhüllt,
Wär's Unrecht auch, ſo ſink' ich nicht in Schmach.

DIE VORIGEN. LICHAS.

LICHAS.

O Tochter Öneus, ſage mir, was ſoll
Ich thun? ſchon lange zaudr' ich müſsig hier.

DÄJANEIRA.

Indeſs du mit den Weibern ſprachſt im Hauſ',
Hab' ich den Auftrag, der dein harrt, beſorgt.
Bring du dies ſchöngeſtickte Feierkleid
An meinen Mann als Gabe meiner Hand;
Doch trage Sorge, daſs kein Sterblicher
Sich eh damit umhülle wie er ſelbſt;
Verbirg es vor dem Sonnenſtrahl' und vor
Des Herdes Schein' und des Altares Glut,

Bis er es ſelber, herrlich und vom Volk
Beſchaut, am Opferfeſt den Göttern zeigt.
So hab' ich's angelobt: wenn ich ihn ſäh'
Erhalten wiederkehren, oder auch
Vernähm', er ſei gekommen, wollt' ich ihn
Mit dieſem Kleide ſchmücken, und ihn ſo
Beim Opferfeſt im feſtlichen Gewand
Den Göttern zeigen; bring' ihm zum Beweis
Dies Siegel meines Rings, das er, ſobald
Sein Auge drauf verweilt, für mein's erkennt.
Geh, und bewahre wohl das Hauptgeſez
Der Boten, thue mehr nicht als du ſollſt;
So wird Häraklä̈s Gunſt mit meiner ſich
Vereinen, wird ſtatt einfach doppelt ſein.

LICHAS.

Ward mir mit Hermäs Amt auch ſeine Kunſt
Verliehn, ſo fürchte meinen Fehltritt nicht:
Das Käſtlein geb' ich ſo wie ich's empfing,
Und bleibe treu den Worten, die du ſprachſt.

DÄJANEIRA.

Wohlan, ſo wandre, Lichas; wie daheim
Die Sachen alle ſtehn, das weiſst du ſchon.

LICHAS.

Ich weiſs und ſag' es, daſs ihr glücklich lebt.

DÄJANEIRA.

Auch weiſst du, denn du ſahſt es ſelbſt, wie ich
Mit Lieb' und Freundſchaft jenes Weib empfing.

LICHAS.

So daſs der Freude Wolluſt mich durchdrang.

DÄJANEIRA.

Was willſt du mehr verkünden? Ach mich bängt
Die Furcht; von meiner Sehnſucht wirſt du ihm
Mehr ſagen können, als von ſeiner mir!

(Däjaneira geht ab, Lichas auch.)

CHOR.

ERSTE STROFE.

Kommt, ihr Bewohner des Meergestads,
Wo siedend den Grotten das Bad entquillt,
Und auch ihr, kommt von den Höh'n Öta's her,
Und von der Bucht Mälis, o kommt!

Kommt von dem wogengeschlagnen Hain
Der Göttin des goldenen Köchers, kommt

v. 659. Vulkan liess warme Quellen bei Trachis entspringen zum Bade des Härakläs, dessen Namen sie behielten.

v. 661. Mälis, der Mäliakische Meerbusen.

v. 662. Von Artemisium, einem Euböischen Vorgebirge, berühmt durch seinen Dianatempel und noch mehr durch den Sieg der Athänienser über die Persische Seemacht. Plutarch hat uns folgende Inschrift einer Seule dieses Tempels erhalten:

Über die Heere, versammelt aus allen Stämmen und Landen
Asia's, siegten Athäns Männer im Wogengefecht,
Dort im Meer; sie vertilgten der Mäder Schaar, und der Jungfrau
Artemis stellten sie hier dankend ein Siegesmaal auf.

Von dem rechtswaltenden Markt, Hellas Thor,
Wo das Gebirg' enger ſich ſchleuſst.

ERSTE GEGENSTROFE.

Liebliche Stimmen der Flöten ſind
Nach langem Verſtummen zurückgekehrt;
Sie erſchall'n würdig der Harf' und des Sangs,
Der in Apolls Reigen ertönt.

Siehe Kronions Erzeugter kommt,
Alkmänä's Gebohrner! er eilet heim
Mit dem Raub, welchen der Sieg ihm erwarb;
Jeglicher Ruhm kränzet ſein Haupt.

ZWOTE STROFE.

Fern von den Mauern der Mutterſtadt
Verweilt' er der wechſelnden Monde zwölf,

v. 664. Hellas Thor, Thermopülä, die engen Felſenthale, welche das eigentliche Griechenland von Theſſalien trennten. Hier hielten gewöhnlich die Amfiktüonen ihr allgemeines Gericht.

Und mit Angſt harrten wir ſein, wuſsten nicht
Wo er des Meers Wogen beſuhr.

Ewiger Jammer verzehrt' indeſs
Der kummergefolterten Gattin Herz:
Doch es ſtillt Aräs des Kriegs Wüten izt,
Nun ſind des Grams Stunden entflohn.

ZWOTE GEGENSTROFE.

O daſs er komme! ſein Ruderſchiff
Ermüd' in der Eile des Lauſes nicht,
Bis es ihn wieder zu uns bringe heim
Von des Geſtads Inſelaltar!

O daſs er komme! daſs heute ſei
Der Tag, wo der Opferer wiederkehrt,
In den Schmuck zaubernder Lieb' eingehüllt,
Wie der Kentaur ſterbend beſahl!

DÄJANEIRA. DAS CHOR.

DÄJANEIRA.

Wie fürcht' ich, o ihr Weiber, daſs ich mehr
Gethan hab', als die Pflicht es mir gebot!

CHOR.

Was iſt's, o Öneus Tochter, das dich kränkt?

DÄJANEIRA.

Ich weiſs nicht; doch mir ahndet, daſs ich ſelbſt,
Bethört durch Hofnung, groſses Leid mir ſchuf.

CHOR.

Durch dein Geſchenk an deinen Ehgemahl?

DÄJANEIRA.

O nimmer wag' ich's, eine ſolche That
Voll Fährlichkeit zu rathen noch zu thun!

CHOR.

Wenn du's vermagſt, ſo ſag' uns deine Furcht.

DÄJANEIRA.

So iſt's geſchehn, wie ich euch, Weiber, will
Das Wunderwerk erzählen, das mich ſchreckt:

Die weiſse Wolle, die in meiner Hand
Das Kleid mit Zauber ſalbte, hat ſich ſelbſt,
Und unberührt verzehrt, verſchwunden iſt's,
Zerronnen von dem Stein. Hört alles an:
Ich habe nichts von dem, was Neſſos mir
Gebot, als ihm der ſcharfe Pfeil die Bruſt
Durchſtach, verſäumt, und hab' es heilig, wie
Der ehrnen Tafel unverlezte Schrift,
Bewahrt. Dies iſt es was ſein Wort gebeut:
Daſs ich den Zauber fern vom Feuer und
Der Sonn' in abgeleg'nem Winkel bis
Zur rechten Zeit geheim bewahren ſoll;
Das iſt geſchehn, und izt, da der Gebrauch
Vonnöthen war, nezt' ich im innerſten
Gemach, mit eingetauchter Wolle, die
Ich ſelber heimlich einem Herdenlamm
Entzogen hatte, ein Gewand, und legt'
Es wohlgefaltet abwärts, wie ihr wiſst,
In eine Lade zum Geſchenk beſtimmt:
Doch als ich wieder einging, ſah' ich, was
Die Rede nicht erzählt, was der Verſtand
Des Menſchen nicht begreift! Von ungefehr
Hatt' ich die feuchte Wolle in den Schein

Der Sonne hingeworfen; als sie dort
Erwärmte, schmolz sie weg, und lös'te sich
In feinen Staub, wie Spähne, die wir sehn,
Wenn dürres Holz der Säge Zahn zerbeisst.
So liegt's, und von der Erde siedet's auf
In Blasenschaum, wie wenn der süsse Most
Im Herbst von Bachos heil'gen Reben triest,
Und gährend sprudelt. Ach ich Arme weiss
Nicht was ich glauben soll: hab' ich nur nicht
Die grausamste der Thaten selbst vollbracht!
Das Ungeheuer hätte sterbend mir,
Die ich sein Tod war, eine Gunst erzeigt?
Nein warlich! rächen wollt' er sich an dem,
Der ihn erschlug; drum täuscht' er schmeichelnd mich.
Nun, da mir's nicht mehr frommt, seh' ich's zu spät!
Ich, ich allein! bethört mich nicht die Angst,
Ich unglücksel'ges Weib, hab' ihn erwürgt!
Wie dieses Mordgeschoss den göttlichen
Kentauren Cheiron traf, das weiss ich, weiss,

v. 742. Cheiron verwundete sich selbst mit Härakläs giftigen Pfeilen:

Daſs, was der Pfeil berührt, des Todes ſei!
Der Gift, der ſich in Neſſos Wund' ergoſs,
Wie ſollt' er Ihn nicht tödten? Aber ſchon
Steht's feſt, unwiderruflich feſt bei mir:
Sinkt er dahin, ſo tödtet mich zugleich
Mit ihm des Mordes Wut! Unduldbar iſt's,
Mit Schmach zu leben, für ein edles Weib!

CHOR.

Recht iſt's die Frevelthat zu ſcheun, und doch
Iſt vor dem Unglück Hofnung uns vergönnt.

DÄJANEIRA.

Beim böſen Rathſchluſs wohnt die Hofnung nicht,
Die uns Vertraun des guten Ausgangs giebt.

CHOR.

Doch dem, der nicht aus Vorſaz ſtrauchelt, droht
Nur leichter Zorn; ſo müſs' es dir ergehn!

Als er beſchauend hielt die giftigen Waffen, entfiel ihm
Einer der Pfeile, der drang tief in den Fuſs des Centaurs,
Seufzend zog er den Stahl aus ſeiner Wund', und Alcides
Seufzte mit ihm, mit ihm Thetis Hämoniſcher Sohn.

Ovid. Faſt. 5. 396.

DÄJANEIRA.

So ſpricht des Unglücks Mitgenoſſe nicht;
Den nichts daheim bekümmert, der ſpricht ſo.

CHOR.

Schweig' izt, wenn dich dein Sohn nicht hören ſoll,
Der Forſcher ſeines Vaters, ſieh' er kommt!

DIE VORIGEN. HÜLLOS.

HÜLLOS.

O Mutter, Ein's von dreien iſt mein Wunſch:
O wärſt du todt! und lebſt du, nennte man
Dich eines andern Mutter! oder ſtünd'
Ein beſsres Herz dir einzutauſchen frei!

DÄJANEIRA.

Was iſt, mein Sohn, dir ſo verhaſst an mir?

HÜLLOS.

O wiſſe, deinen Gatten, ach er war
Mein Vater! haſt du dieſen Tag erwürgt!

DÄJANEIRA.

O wehe! welch ein Wort iſt das, mein Sohn!

HÜLLOS.

Es iſt vollbracht! und die geſcheh'ne That
Zur ungeſcheh'nen machen, wer vermag's?

DÄJANEIRA.

Was redſt du, Sohn? und welcher Menſch hat dir
Geſagt, ich ſei des Frevels Thäterin?

HÜLLOS.

Mit dieſen Augen ſah' ich ſeine Qual,
Und hörte ſeiner Zunge Jammer an.

DÄJANEIRA.

Wo war dein Vater, und wo fandſt du ihn?

HÜLLOS.

Ich ſag' es alles, wenn du's hören darfſt!
Als er mit Siegeszeichen und mit Raub'
Und Erſtlingsgaben von der Königsſtadt
Heimkehrte, weiht' er ſeinem Vater Zeus
Auf wogenangeſpühltem Vorgebirg'
Euböa's einen Hain und Opferherd;

Da sah' ich ihn zuerst, nach dem mein Herz
Sich liebend sehnte! zahllos sollten nun
Die Opfer bluten, als der Herold dein
Geschenk ihm gab, das tödtende Gewand.
Er schmückte sich damit, wie du befahlst,
Und opferte zwölf Farren, wandellos,
Aus Erstlingsbeute; aller Gaben Zahl
War hundert, auserwählt von allem Vieh.
Der Unglücksel'ge freute sich des Prunks
Mit heitrer Seel', und that das Weihgebet:
Doch als die blut'ge Flamme des Altars
Die Opfer und das Kienholz zündete,
Quoll schnell aus seiner Haut der Schweiss, und fest,
Als hätt' ein Künstler es geheftet, schlang
Sich um die Schultern und um jedes Glied
Das Zauberkleid, und Adern und Gebein
Ergrif der Zuckung Folter, wütend nagt'
An ihm der Hüdra Gift. Er rufte laut
Lichas dem Unglückssohn, der schuldlos war
An deiner Frevelthat, und forschte nach
Den Zauberkünsten des Gewands, und wie's
Von ihm gebracht sei. Lichas, alles dess

Unkündig, ach der Arme! ſagte, dein
Geſchenk, und dein's nur ſei's, von dir geſandt.
Als er's vernahm, und als des Schmerzens Krampf
Sein Eingeweid' ergrif mit herber Qual,
Da faſst' er Lichas bei dem Fuſsgelenk',
Und ſchleudert' ihn an einen Klippenfels
Im Meer, daſs aus zerſchellter Scheitel Blut
Und weiſses Hirn vom Haar' hinab ihm rann.
Das ganze Volk bejammerte die Wut
Des Leidenden, und ſeines Herolds Tod;
Dem Helden wagte keiner ſich zu nah'n.
Bald lag er ausgeſtreckt, bald ſtand er hoch,
Und ſchrie und tobte, daſs es wiederſcholl
Von Lokris Höhen und Euböa's Strand;
Der Unglückſel'ge ſank ermattet oft
Zur Erd', und oft begann ſein Angſtgeſchrei
Mit neuem Jammer, und verfluchte laut
Das Qualenbette ſeiner Eh', und dich,
Ach du Elende, ſeines Lebens Peſt,
Und Öneus, der dich ihm zum Weibe gab.
Zuletzt erhob er aus dem Rauch, der ihn

Umdampfte, feinen Blick, und fahe mich
Im dichten Kreife weinend ftehn, und rief
Mir zu: O komm, mein Sohn, o komm, und fleuch
Mein Leiden nicht, und ftürbft du auch mit mir.
O trage mich von hinnen! banne mich
Weit weg, wo mich kein Sterblicher erfpäht!
Erbarmft du dich, fo fchiffe mich von hier,
Dafs diefes Land nicht fehe meinen Tod! —
Das war's, was er befahl: wir legten ihn
In einen Nachen, und vermochten's kaum
Hier anzulanden, denn mit Ungeftüm
Ergrif den Stöhnenden der Zuckung Wut.
Bald wirft du lebend oder todt ihn fehn.
Du, Mutter, bift enthüllt! nur du haft dies
Erfonnen meinem Vater und vollführt.
Dich treffe Rach' und wohlverdienter Fluch!
Das fleh' ich, wenn's mir meine Pflicht erlaubt,
Und fie erlaubt's! du löf'teft alle Pflicht,
Der Erdenmänner beften fchlugft du todt,
Ihn, deffen gleichen nie dein Auge fieht.

(Däjaneira geht ab.)

CHOR.

Was gehſt du ſchweigend? Weiſst du nicht,
wer ſchweigt,
Wäſcht ſich vom Vorwurf, der ihn ſchmäht,
nicht rein!

HÜLLOS.

O laſst ſie fliehn! Aus unſerm Angeſicht
Verweh' ein günſt'ger Wind die Fliehende!
Ihr eitler Muttername, ſoll mich der
Mit Ehrfurchtsſchauder ſchrecken? Ihre That
Iſt keiner Mutter That! Sie walle froh
Von hinnen, und der Segen, der von ihr
Auf meinen Vater kam, komm' über ſie!

(Hüllos geht ab.)

CHOR.

ERSTE STROFE.

O ſchaut, wie plözlich Gottes verkündender
Weisſagungsſpruch des alten Dodona-Hains
Erfüllt iſt, welcher nach dem zwölften
Mond' und vollendeter Ackerpflügung

Zeus wahrem Sohne Ruhe von aller Laſt
Verhieſs .... Nun wehn ihn günſtige Winde weg;
Denn wer ſein Auge ſchleuſst, wie kann ihn
Drücken im Grabe das Joch des Drangſals?

ERSTE GEGENSTROFE.

Hat ihn des Neſſos giftiger Todeshauch
Und ſeiner Wunde Zaubergewalt berührt,
(Dem einſt der Sohn des Mordes und der
Hüdra, der Pfeil, in der Seite tobte)

O wie vermag er mehrere Sonnen noch
Zu ſchaun als dieſe? Schon hat das Ungeheur
Ihn überwältigt, und ihn martern
Glühende Stacheln des ſchlauen Feindes.

ZWOTE STROFE.

Die Unglückſel'ge ſcheute die Kummerlaſt,
Die auf ihr Haus die neue Vermählung lud;
Sie, unbeſonnen, lauſchte fremden
Worten, und zauberte Unglücksbande!

Wo jammert nun ihr Seufzen? Wo nezet ihr
Die bleichen Wangen quellender Thränenthau?
Schon dräut, ſchon dräut des bittern Schickſals
Nahe Vollbringung und groſses Wehe!

ZWOTE GEGENSTROFE.

Die Zährenquelle ſtrömet, der Seuche Gift
Schleicht immer weiter! — Götter! wie ſtürzet auf
Den mitleidswerthen Sohn Kronions
Qual, wie noch nie ſie ein Rächer ausſann!

O weh dir, der du, Speer in des Helden Hand,
Die Königstochter raubteſt aus hoher Burg!
Mit dir war Küpris, unſers Schickſals
Walterin, zwar in geheim, doch kennbar!

DIE EINE HÄLFTE DES CHORS.

Iſt's Täuſchung, oder hören wir, daſs ſich
Ein lauter Jammer ſchnell im Hauſ' erhebt?

DIE ANDRE HÄLFTE.

Ach hört! ein deutliches Geheul erſchallt,
Ein neues Unglück trift die Königsburg!

DIE ERSTE HÄLFTE.

Seht, trüber Stirn' und ungewohntes Grams
Naht ſich mit Botſchaft ein betagtes Weib.

DAS CHOR. DÄJANEIRA'S AMME.

DIE AMME.

O Kinder, welche groſse Qualen hat
Die weggeſandte Gab' auf uns gebracht!

CHOR.

Welch neugeſcheh'nes Unglück zeigſt du an?

DIE AMME.

Ach, Däjaneira iſt den lezten Pfad
Mit unbewegten Füſsen hingewallt!

CHOR.

Den Todespfad vielleicht?

DIE AMME.

Ihr habt's gehört!

CHOR.

Wir Unglückſeligen!

DIE AMME.

Ach ſie iſt todt!

CHOR.

Und wie ſtarb die unſelige Fürſtin, wie?

DIE AMME.

Elend und jammervoll war ihr Tod.

CHOR.

Rannte ſie ſelber entgegen ihrem Geſchick?

DIE AMME.

Sie löſchte ihr Leben aus mit eigener Hand.

CHOR.

Ergrif ſie die Krankheit oder die Wut?

DIE AMME.

Die Schärfe der böſen Waffen raubte ſie uns.

CHOR.

Wie vermochte ſie Tod zu häufen auf Tod?

DIE AMME.

Mit dem ſeufzererregenden Stahl.

CHOR.

Erblickteſt du, o Arme, die entſezliche That?

DIE AMME.

Ich ſah' es, die ich zur Seiten ihr ſtand.

CHOR.

Wie geſchah es, o ſage, wie?

DIE AMME.

Sie ſelber hat es mit eigener Hand vollbracht.

CHOR.

Was ſagſt du?

DIE AMME.

Was warlich geſchah.

CHOR.

Gebohren, gebohren hat
Die neuangekommene Braut
Diesem Haus' einen grossen Fluch!

DIE AMME.

Warlich! und hättet ihr's mit angeschaut,
So würd' eu'r Mitleid noch viel grösser sein.

CHOR.

Und eine Frauenhand vermochte das?

DIE AMME.

Hört, und bezeugt, wie schaudervoll es ist:
Sobald sie unbegleitet in das Haus
Gegangen war, erblickte sie den Sohn
Im Hof' ein Sterbelager bettend, und
Bereit entgegen ihrem Mann zu gehn;
Da floh sie aller Aug', und warf sich hin
Am Fusse des Altars, und heulte laut:
Nun sei sie Wittwe worden! Dann durchlief
Sie alle Zimmer des Pallasts, und wo
Sie ein Geräth berührte, dess sie sich
Vormals bedient, erhob sie ein Geschrei,

Die Unglückſelige! und wo ſie ſah
Das Antliz treuer Hausgenoſſen, floſs
Des Jammers Thräne: lautes Wehe rief
Sie über ihr Geſchick und über ſich,
Und daſs ihr Haus der fernern Stüze nun
Beraubt ſei! Als ſie ſchwieg, ſah' ich ſie ſchnell
Sich ſtürzen in Härakläs Schlafgemach,
Und ſah, — denn eingehüllt in Schatten ſtand
Ich ſpähend — wie das Weib mit Teppichen
Härakläs Lager deckte, und als das
Vollbracht war, wie ſie plözlich aufſprang und
Sich ſezte mitten auf das Ehebett,
Und unter Thränengüſſen winſelnd rief:
Ach Brautbett, Ehelager, lebe wohl,
Zu Lieb' und Schlaf nimmſt du mich nicht mehr auf!
Sie ſprach's, und löſ'te mit geſchwinder Hand
Den Leibrock, wo das goldne Spänglein ihr
Den Buſen zuſchloſs, und enthüllte drauf
Die ganze linke Seit' und Schulter ſich.
Was nur mein Lauf vermochte, eilt' ich weg,
Dem Sohn der Mutter Vorſaz kund zu thun.
Doch als wir zu ihr ſtürzten, hier und da

Sah'n wir vom doppelſchneidigen Schwerte ſie
Getroffen, durch die Seit' und durch das Herz.
Ihr Sohn erblickt' es, ach! und weinte laut:
Der Arme wuſste, daſs die Eiferſucht
Sie hab' entflammt; zu ſpät hat er gehört
Der Mutter willenloſe That, die ſie,
Durch Neſſos Liſt bewogen, unternahm.
Des Jünglings Angſtgeſchrei verſtummte nicht;
Er drückte ſeine Lippen weinend auf
Der todten Mutter Mund, und ſchloſs ſich feſt
Mit ſeiner Seit' an ihre Seite; laut
Scholl ſeine Klage, daſs er ſie geziehn
Des Frevels, deſſen ſie nicht ſchuldig ſei;
Und ſeine Thränen rannen, daſs Ein Tag
Ihn mache vaterlos und mutterlos.
So ſteht's daheim! Ach, wer der Tage ſich
Zween oder mehrere verheiſst, der iſt
Ein Thor: nur der erlebt den morgenden,
Der wohl den heutigen vollendet hat!

CHOR.

Ach was bejammern wir nun?
Welches Leiden iſt die ſchrecklichſte Noth?

Wir Elenden ſeufzen unter der ſchweren Wahl!
Wir erblicken was im Hauſe geſchah,
Und, was geſchehn wird, erfüllt uns mit Angſt!
Jeziger und künftiger Schmerz iſt Eins!

STROFE.

Säuſelnde Lüfte, haucht in unſre Segel!
Weht mit fliegender Eil' uns von der Heimat!
Graun und Schauder würden uns plözlich tödten,
Säh'n wir Kronions
Mächtigen Sohn in rettungsloſen Qualen
Einſam ſchmachten . . . Er kommt, ſchon naht er unſern
Hütten, ſchon verkündet des Volkes Ruf den Schrecklichen Anblick.

GEGENSTROFE.

Näher und näher kommen ſie! der Jammer
Schallt wie Klagegeſang der Nachtigallen!

v. 981. Häraklä̈s wird auf einer Bahre heimgetragen, begleitet von groſser Menge.

Fremdlings-Tritte sind's, und die Träger wandern
Schweigend und langsam!

Kummererfüllt, wie Freunde, sind sie alle!
Sprachlos wird er getragen! — Ach wir schwanken,
Ob er todt sei, oder ob ihn des Schlafes
Bande bestricken.

HÄRAKLÄS, SCHLUMMERND. HÜLLOS. DAS CHOR. MÄNNER DES VOLKS.

HÜLLOS.

O wehe mir! mein Vater!
O wehe mir!
Was harret mein? O was ersinn' ich? Ach!

EIN GREIS.

Schweig', und errege den tobenden Schmerz
Deines heftigen Vaters nicht! Er neigt

Sich zum Grabe zwar, doch er lebt!
In die Lippe beiſs', und ſchweige, Sohn!

HÜLLOS.

Was ſagſt du, o Alter? lebt er noch?

DER GREIS.

O den der Schlaf feſſelt, erweck' ihn nicht!
Und errege nicht und ſchüttle nicht aus der Ruh
Die wütende Seuche, mein Sohn!

HÜLLOS.

Ach ich Elender! es erdrückt
Die unendliche Laſt mein Herz!

HÄRAKLÄS.

(erwachend.)

In welchem Lande bin ich, o Zeus?
Bei welchen Sterblichen lieg' ich gequält
Von dem raſtloſen Schmerz'? — O weh'! es nagt
An meinem Leibe wieder der Fluch!

DER GREIS.

Wuſsteſt du nicht, welcher Gewinn
In der ſchweigenden Ruhe war, ehe du ihm

Von der Wimper ſcheuchteſt den Schlummer weg?

HÜLLOS.

Mich zu hemmen vermag ich nicht,
Wenn ich ſehe ſeiner Leiden Gewalt.

HÄRAKLÄS.

O du heiliger Altar auf dem Felſengeſtad'!
Für die Schaaren meiner Opfer welchen Lohn,
O ich Elender! giebſt du mir, Zeus!
Welches Verderben legſt du auf mich!
Ach, daſs mein Auge nimmer hätte geſehn
Die ſtets wachſende, lindrungsloſe Wut!
Iſt ein Zauberkundiger, iſt ein Heilungsarzt,
Der ohne die Hülfe Zeus zu mildern vermag
Meine Qualen? . . Ach, daſs mir
Zur Rettung erſchien' eine Wunderthat!
O laſſet ſchlafen mich Unglücklichen!
O laſſet ſchlafen mich Elendsſohn!
Was betaſtet ihr mich? was richtet ihr mich empor?
Ihr tödtet, o ihr tödtet mich!
Meine ſtille Ruhe, was raubtet ihr mir ſie? —

Mächtiger brennen die Gluten der Peſt — Wo ſeid ihr? wo ſeid ihr,
O ihr undankbarſten von allen Männern, ihr Griechen,
Deren Retter ich war, da ich ſäuberte Wälder und Meer?
Ach ich ſterb', und es jammert euch nicht des Leidenden, niemand
Eilt mir zu Hülfe, mit Feuer und Schwert mein Elend zu tilgen,
Und nicht Einer wagt's mir zu rauben mein läſtiges Leben!

DER GREIS.

(an Hüllos.)

Sohn des Mannes, o komm! es überwältigt die Arbeit
Meine Kräfte, greife du an! dein wackeres Aug' iſt
Fähiger als mein blödes Geſicht in der Noth ihm zu helfen!

HÜLLOS.

Was die Hände vermögen, das thu' ich; doch kann ich die Qualen

Seiner verborgenen Schmerzen nicht hemmen,
welche von auſsen
Und von innen ihn ſoltern, denn Zeus iſt's,
der ſie ihm ſendet.

HÄRAKLÄS.

O mein Sohn! wo biſt du, mein Sohn?
Komm und lüſte mich empor . . .
Ach, o ihr Götter, ach!
Es ſtürzet, es ſtürzet wieder auf mich
Die unglückliche, die verderbliche,
Die wegſcheuchende, graunvolle Peſt!
O Pallas! wieder ſtürzt ſie auf mich!
Erbarme deines Vaters dich, o mein Sohn!
Fürchte den Fluch nicht, zeuch dein Schwert,
Stoſs' es in die Bruſt mir ein,
Heile meinen Schmerz, den der Zorn
Deiner frevelnden Mutter mir gezaubert hat!
O daſs ich ſie ſähe ſo
Liegen, wie ich liege, gepeinigt von ihr!
O Bruder des Donnerers Zeus,
Aidäs, tröſtender Gott,
Führe zur Ruhe mich, gieſse du

Des ſchnellgeflügelten Todes Schlaf
Auf mich Unſeligen aus!

CHOR.

Wir hören ſchaudernd, welche Qualenlaſt
Zu Boden unſern groſsen König drückt!

HÄRAKLÄS.

Viel heiſse Schmerzen, die das Wort nicht nennt,
Hab' ich an Händen und an Schultern ſchon
Erduldet, aber keine ſolche Qual
Hat weder Zeus Gemahlin, noch mein Feind
Eurüstheus mir erregt, als dies Gewand,
Das die Erinnen webten, und mit dem
Die ſchlaue Tochter Öneus meinen Leib
In Nezen, die unlösbar ſind, beſtrickt!
Ach ich vergeh'! an meinen Ribben klebt's,
Und nagt an meinem Fleiſch', es dringt hindurch,

1066. Eurüstheus, König von Mükänä. Durch Juno's Liſt ward er in der Stunde gebohren, die zur Geburt des Härakläs, die ſie aufhielt, beſtimmt war. Das machte dieſen jenem unterwürfig, der ihm, in der Hofnung, daſs er umkommen würde, zwölf ſchwere Arbeiten auflegte.

Und ſaugt die Pulſe meiner Lunge, trinkt
Mein ſchäumendes, entfärbtes Blut, und lähmt
Mit zaubernder Umſchlingung jede Kraft
In meinen Gliedern mir! Des Krieges Speer
Hat nimmer das vermocht, und nicht der Zug
Der erdgebohrnen Rieſen, nicht die Macht
Der Ungeheuer, nicht der Griechen Volk,
Noch der Barbaren weites Land, das ich
Zur Säubrung der Gefahr durchwandert bin.
Ein Weib, kein Krieger, eine ſchwache Frau
Vertilgt mich, ohne Schwert, nur ſie allein!
Mein Sohn, o ſei du mein wahrhafter Sohn!
Der Name deiner Mutter ſei dir nichts;
Mit deinen Händen zeuch ſie her, die dich
Gebahr, daſs ich untrüglich ſeh', ob du
Mein Schickſal mehr bejammerſt, als die Qual,
Mit der ſie meine Rache ſtrafen ſoll.
Geh, Sohn! ſei ſtandhaft, und erbarme dich
Mein, deſſen jeder ſich erbarmt! ach mein,
Der wie ein Mägdlein weinet — Ach das hat
Von mir der Menſchen keiner noch geſehn,
Denn ſeufzerlos ertrug ich jeden Schmerz;
Doch nun macht mich zum Weibe dieſe Qual!

Komm deinem Vater näher, o mein Sohn,
Und schaue meiner Leiden Jammer an!
Dir will ich unenthüllt mich zeigen; sieh'!
O sehet alle meinen kranken Leib!
Schaut, wie ich elend bin, wie mitleidswerth!
Ach wehe! wehe! —
Mit neuen Gluten tobt des Schmerzes Krampf
In Brust und Hüften, ohn' Erbarmen nagt
An meinen Gliedern der Verzehrung Pest!
O Gott der Schatten, nimm mich auf! O Strahl
Kronions, treffe mich! Zeus, schleudre dein
Geschoss, und senk's in mich aus deiner Höh',
O Donnerer! Ha! ungestümer frisst's
Und foltert's! O ihr Hände, Hände, Brust
Und Schultern! und ihr Nervenarme, ach!
Seid ihr es, die der Hirten Schrecken einst,
Das Scheusal, dem sich keiner durfte nah'n,
Nemea's Löwen würgten mit Gewalt,
Und Lerna's Hüdra, und die Zwitterbrut

v. 1112. Nemea, ein Wald in Achaja. Die Besiegung dieses Ungeheuers finden meine Leser in einem Gedichte, welches, wahrscheinlich mit Unrecht, dem Idillensänger Theokrit zugeschrieben wird. Siehe meine Übersezungen Seite 178.

Von Mann und Roſs, das ſtolze, freche Heer
Unbändiger Kentauren, und das Thier
Des Erümanthos, die ihr aus der Gruſt
Des Hadäs zogt den unbeſiegten Hund,
Den Schlangenſohn, der aus drei Schlünden bellt,
Die ihr den Wächter goldner Äpfel ſchlugt,
Den Drachen an der Erde Grenze? — Viel
Hab' ich verſucht, unzählbar iſt die Schaar
Von meinen Thaten, und kein Sieger hat
Zu meiner Schande je ein Maal geſezt.
Nun ſtarren die Gelenke mir, die Haut
Sinkt runzelnd, mich Unſeligen verzehrt
Die ungeſeh'ne Peſt, ach mich, den Sohn
Der edlen Mutter und Kronions, wie
Die Sage ſpricht, der bei den Sternen wohnt!
Doch wiſst, ich Scheme, den die Füſse nicht
Mehr tragen, will mit dieſer Hand an ihr
Mich rächen, die den Frevel unternahm.
O daſs ſie käm', und lernt', und allen kund

v. 1116. Erümanthos, ein waldiger Berg in Arkadien, wo Härakläs einen gewaltigen Keuler lebendig fing und dem Könige brachte..

Es thäte, daſs ich lebend und daſs ich
Auch ſterbend aller Böſen Geiſsel ſei!

CHOR.

Ach armes Griechenland! was harret dein
Für Jammer, wenn du dieſen Mann verlierſt!

HÜLLOS.

Zu reden haſt du, Vater, mir vergönnt,
So höre dann, ſo ſehr dein Schmerz dich quält!
Was recht iſt fodr' ich nur: ſei wieder dir
Selbſt gleich! und laſs den argen Grimm dich nicht
Verzehren!! o du weiſst nicht, welchen Troſt
Du haſt, und welcher Kummer eitel iſt.

HÄRAKLÄS.

Hemm' endlich deine Zung'! in meiner Qual
Enträzl' ich lange dein Geſchwäz nicht mehr.

HÜLLOS.

Ich wollte meiner Mutter Schickſal dir
Erzählen, und die Unſchuld ihrer That.

HÄRAKLÄS.

O Böſewicht! wagſt du mir wieder die
Zu nennen, die dir deinen Vater würgt?

HÜLLOS.

Mein Schweigen wäre Frevel; höre mich!

HÄRAKLÄS.

Und war nicht gröſs'rer Frevel ihre That?

HÜLLOS.

Es wird ein Tag ſein, da du ſo nicht wähnſt.

HÄRAKLÄS.

So ſprich, doch nicht unwürdig deines Bluts!

HÜLLOS.

Vom ſchnellen Mord' erſchlagen liegt ſie todt!

HÄRAKLÄS.

Wer that's? Ein Götterzeichen iſt's für uns!

HÜLLOS.

Sie ſelber hat's und keiner ſonſt vollbracht.

HÄRAKLÄS.

Ach, daſs ſie unter meiner Hand nicht ſtarb!

HÜLLOS.

Wär' alles dir bekannt, du zürnteſt nicht.

HÄRAKLÄS.

Dein Wort iſt dunkel; ſage was du meinſt!

HÜLLOS.

Gut war ihr Vorſaz, Irrthum ihre That.

HÄRAKLÄS.

Daſs ſie mich tödtet, Böſer, iſt das gut?

HÜLLOS.

In Zauberbanden dich zu feſſeln war
Ihr Wahn, durch deine junge Braut geſchreckt.

HARAKLÄS.

Kennt jemand hier der Wundergifte Kraft?

HÜLLOS.

Neſſos hat ſie vermahnt, durch dieſe Kunſt
In dir zu zünden des Verlangens Glut.

HÄRAKLÄS.

Ich Unglückſeliger, mit mir iſt's aus!
Todt bin ich! Ach verloſchen iſt mein Licht!

Weh mir, mein ganzes Elend kenn' ich nun!
Geh, liebes Kind, dein Vater ist nicht mehr.
Geh, rufe jeden Sprössling unsers Bluts,
Und ruf' Alkmänä, ach umsonst das Weib
Kronions! dass mein leztes Wort den Spruch
Der Götter euch verkünde, den ich weiss.

HÜLLOS.

Die Mutter ist nicht da, sie ist zum Meer
Gezogen, und Tirünth ist nun ihr Siz,
Dort nährt sie viele deiner Kinder, und
In Theben wohnen andre, wie du weisst.
Wir, die wir hier sind, Vater, wollen thun
Was uns gebührt, und horchen auf dein Wort.

HÄRAKLAS.

So höre denn; die Zeit ist da, dass du
Als Mann, als meinen Sohn dich zeigen musst.
Einst hat mein Vater mir vorhergesagt,
Zu meinem Morde sei kein Lebender
Bestimmt, ein todter Hadäsbürger sei's.
Erfüllt ist nun der Spruch; denn der Kentaur,
Der todte Nessos raubt das Leben mir.

v. 1175. Tirünth, eine Peloponäsische Stadt.

Auch jüngre Weissagungen will ich euch
Verkünden, die der ältern Siegel sind,
Und die ich in Dodona's heil'gem Hain,
Da, wo der Priester Schaar auf Bergen wohnt
Und ohne Lager auf der Erde schläft,
So wie's der väterlichen Eich' entscholl,
Ihr nachschrieb, die mit vielen Zungen spricht.
Sie sagte: lebt' ich bis zu dieser Zeit,
So würd' ich endlich meiner Leiden Ziel
Erreichen. Ach ein glücklich Leben war
Mein Wahn; doch nur den Tod verhiess der Spruch,
Denn für die Todten ist kein Leiden mehr!
Erfüllt ist alles nun, mein Sohn; drum sei,
Wie dir gebührt, mein Beistand in der Noth,
Und harre nicht, bis dich mein Mund ermahnt;
Sei willig mir zu dienen, und erkenn'
Als schönste Pflicht der Kinder Folgsamkeit.

v. 1190. Ihrer erwähnt Homer:

Zeus, du Dodonaischer und Pelasgischer König,
Der du des kalten Dodona waltest, wo dich die Seller,
Deine Seher, umwohnen, mit ungewaschenen Füssen
Schlafend auf blosser Erde! — — —

Meines Bruders Übersezung der Ilias, Ges. 16. v. 233.

HÜLLOS.

O Vater, ich erbebe bei dem Wort,
Das du gebeutſt, doch ich gehorche dir.

HÄRAKLÄS.

Vor allen reich mir deine Rechte dar.

HÜLLOS.

Begehrſt du ſie als Wahrheits-Unterpfand?

HÄRAKLÄS.

Du ſäumſt noch, Zaudrer, und gehorchſt mir nicht?

HÜLLOS.

Hier iſt ſie, ſchaue, nichts verweigr' ich dir.

HÄRAKLÄS.

Schwör bei Kronions, meines Vaters, Haupt!

HÜLLOS.

Was zu verheiſsen? ſprich, ſo ſoll's geſchehn.

HÄRAKLÄS.

Das zu vollbringen, was mein Wort beſiehlt.

HÜLLOS.

Ich ſchwör', und meines Eides walte Zeus!

HÄRAKLÄS.

Ruf' auch auf dich herab des Meineids Fluch.

HÜLLOS.

Es ſei! er haſcht mich nicht, mein Schwur iſt wahr.

HÄRAKLÄS.

Kennſt du des Ota Zeus geweihte Höh'?

HÜLLOS.

Oft ſtand ich oben opfernd am Altar.

HÄRAKLÄS.

Auf dieſe Höhe trage meinen Leib,
Du ſelbſt und auserwählter Freunde Arm;
Schont nicht des wilden Öhlbaums, noch des Stamms
Der Eiche, die auf tiefe Wurzeln trozt;
Dann legt den Leib auf hohen Scheiterberg,
Und zündet mit der fichtnen Fackel Glut
Ihn an; doch keine Zähre nahe mir!

Thu's ohne Seufzer, ohne Thränen, ſonſt
Biſt du mein Sohn nicht, und ich harre dein,
Ein ew'ger Rächer, in des Hadäs Thal.

HÜLLOS.

Was ſagſt du, Vater? ach was ſoll ich thun?

HÄRAKLÄS.

Was recht iſt! Thuſt du's nicht, ſo zeugte dich
Ein andrer, niemand nennt dich meinen Sohn.

HÜLLOS.

O weh mir! Was begehrſt du, Vater? ſoll
Ich ein verruchter Vatermörder ſein?

HÄRAKLÄS.

Das nicht! doch meiner Leiden Arzt ſei du,
Mein einziger Erretter aus der Qual.

HÜLLOS.

Iſt's durch den Brand, daſs ich dich heilen ſoll?

HÄRAKLÄS.

Graut dir dafür, ſo thu das andre doch!

HÜLLOS.

Dich hinzutragen, das verſag' ich nicht.

HÄRAKLÄS.

Bau'ſt du den Scheiterhaufen auch empor?

HÜLLOS.

Ihn anzuzünden ſträubt ſich meine Hand;
Sonſt alles will ich unermüdet thun.

HÄRAKLÄS.

Genug davon! mit deinen gröſsern laſs
Verbunden eine kleine Wohlthat ſein!

HÜLLOS.

Und wär's die gröſste, doch vollbring' ich ſie!

HÄRAKLÄS.

Kennſt du die Jungfrau aus Euböa's Burg?

HÜLLOS.

Du meinſt Iola, wie ich rathen kann?

HÄRAKLÄS.

Sie iſt es! — Ich gebiete dir, mein Sohn:

v. 1264. Die hierher gehörende Anmerkung iſt dem vorſtehenden Leben unſers Dichters beigefügt worden, S. XXVII. folg.

Wenn ich geſtorben bin, ſo nimm du ſie —
Denn deiner Kindespflichten und des Eids,
Den du mir ſchwurſt, wirſt du gedenken! —
nimm
Zum Weibe ſie! ſei mir gehorſam, Sohn!
Sie lag an meiner Seite; keiner ſoll
Sie jemals nehmen, als nur du allein;
Nur du, mein Sohn, ſei ihres Bettes Schuz!
In groſsen haſt du mir gehorcht, thuſt du's
In kleinen nicht, ſo iſt mein Dank dahin.

HÜLLOS.

Dem Leidenden zu zürnen, ach, iſt ſchwer;
Doch wer vermag ihn ſo geſinnt zu ſehn?

HÄRAKLÄS.

Sagſt du, du wollteſt was ich will nicht thun?

HÜLLOS.

Wer könnte mit der einz'gen Schuldigen
Des Todes meiner Mutter und der Qual,
Der du erliegſt, wer könnte, wenn ihn nicht
Sein böſer Dämon triebe, ſich mit ihr
Vermählen? Vater, beſſer iſt der Tod,
Als ärgſter Feinde Hausgenoſs zu ſein!

HÄRAKLÄS.

Die Pflicht, ſo ſcheint's, die er mir ſchuldig iſt,
Verſagt er mir im Tode! — Doch es harrt
Schon dein, Halsſtarriger, der Götter Fluch!

HÜLLOS.

O wehe! deine Krankheit redt aus dir!

HÄRAKLÄS.

Mein Jammer ſchlummerte, du weckſt ihn auf.

HÜLLOS.

Ich Armer! welche Zweifel foltern mich!

HÄRAKLÄS.

Iſt denn Gehorſam nicht der Kinder Pflicht?

HÜLLOS.

Lehrſt du mich, Vater, thun was Frevel iſt?

HÄRAKLÄS.

Kein Frevel iſt's, wenn du mein Herz erfreuſt.

HÜLLOS.

Iſt das denn recht, was du von mir begehrſt?

HÄRAKLÄS.

Recht iſt's! die Götter ſollen Zeugen ſein!

HÜLLOS.

So will ich mich nicht weigern, will es thun,
Ich ſchwör's dir bei den Göttern. Wenn ich dir
Gehorche, Vater, trift kein Vorwurf mich.

HÄRAKLÄS.

Du endeſt gut, mein Sohn; o füg' hinzu
Noch eine Wohlthat, ehe mich der Krampf
Der Zuckung und die Wut ergreift: o komm,
Auf meinen Scheiterhaufen lege mich! —
Auf! eilt, hebt mich empor! der Leiden Ziel
Iſt dies, das lezte Ende meiner Qual!

HÜLLOS.

Nichts ſoll uns hindern, Vater, das zu thun,
Was du begehrſt, und was dein Wort gebeut.

HÄRAKLÄS.

Wohlan! ehe die Krankheit erwacht,
O meine ſtarke Seele, zähme du
Mit Gebiſſen von Stein und von Erz
Der Klagen Geſchrei! willkommen iſt mir
Die gefürchtete Stunde des Grauns!

HÜLLOS.

Ihr Gefährten, hebet ihn auf,
Und verzeihet was ich thue mir!
O ſehet, für die Thaten die er that,
Der Götter dankloſe Vergeſſenheit!
Ach, ſie erzeugten ihn, nannten ſich
Seine Väter, und ſehen ſeine Leiden an.
In die Zukunft blicket kein Aug' hinein,
Und was izt geſchieht, iſt für uns
Mit Jammer erfüllt, und mit Schmach für ſie!
Doch aller Sterblichen ſchrecklichſtes Wehe ſtürzt
Auf den qualenduldenden Götterſohn!

CHOR.

(an Iola, die herzukommt.)

O Jungfrau, verlaſſe nicht den Pallaſt!
Heldentode, neues Wehe, ſchaueſt du,
Und des nimmererduldeten Jammers viel!
Doch alles, was geſchieht, iſt Kronions Werk!

A J A S.

AN

S C H Ö N B O R N.

PROLOG

DES ÜBERSEZERS.

Gefallen war Achilleus! furchtbar noch
Im Tode lag des Grossen Leichnam gross
Auf Troja's Fluren; scheu und staunend nah'n
Ihm Helden selbst; doch blutig tobet bald
Die Schlacht um ihn, des Staubes Wolke dringt
Gen Himmel mit der Wütenden Geschrei.
Der Götter Sorge war die Leiche! Nacht
Und Sturm und Blize trennten Heer von Heer;
Da trugen weinend durch die Weinenden
Die Freunde zu den öden Zelten sie —

Jammernd aus ihren Wogengrotten trat,
Gefolgt von Nümfen mit der Thrän' im Blick,
Die Mutter an's Gestad'; ihr staunten nicht,
Der hohen Göttin nicht, im stummen Schmerz
Erstarrt, die Freunde, nicht Brisäis, schon
Erlosch ihr Lebenstocht! ... Gesalbt, geschmückt
Mit Götternard' und Feierkleidern, lag
Der Leichnam. Flammen lodern, wenig Asch'
Ist er nun! Thetis sammelt sie, benezt
Mit Mutterthränen, mischt mit deiner sie,
Patroklos! schliesst in Einen Urnenschoos
Sie ein, und, doch gesondert, auch den Staub
Des Nestoriden ... Leicht sei, Helden, leicht,
Euch Freunden, sei die Erde! ... Hellas Heer
Feirt ihm das Leichenfest, die Preise gab,
Ein Kleinod jeder, Thetis; doch der Ruhm
Der schönsten Palme war das Götterwerk
Der Waffenrüstung: keiner wagt's um sie
Zu buhlen in dem Wettstreit, Ajas nur,
Der Helden grösster nach dem göttlichen

Achilleus, ach der Erste nun! trat vor;
Schon wähnt' er sein, was, wenn Entscheidung aus
Des Todten Mund' erschollen wäre, Er,
Nur Er empfangen hätte. Eifernd stand
Odüsseus auf, begehrte, nicht als Lohn
Der Kriegerthat, als Preis der Weisheit sie.
Ihn kränzt der Sieg. Deß härmte jener sich
Mit Gram und Zorn und Wut, die seinen Geist
In Irren trieb, sein Schwert mit Widdermord,
Ihm Feldherrn Blut! im Wahnsinn röthete!

Vom schweren Seelentraum erwachend, sinkt
In Reu' und Schaam der Held — Er geht und wäscht
Des Schwertes Schmach mit edler Sühnung rein.

Handelnde Perſonen.

ATHÄNÄ.

AJAS.

TEUKROS, ſein Stiefbruder.

ODÜSSEUS.

AGAMEMNON.

MENELAOS.

TEKMÄSSA, Ajas Kebsweib.

EURISAKĀS, beider Sohn.

EIN BOTE.

DAS CHOR, beſtehend aus Ajas Salaminiſchen Schiffsgefährten.

Der Schauplaz iſt am Meergeſtade vor Troja.

Das Geſtade des Meers, nicht ferne Ajas Zelte, die äuſserſten des Griechiſchen Lagers vor Troja.

ATHÄNÄ. ODÜSSEUS.

ATHÄNÄ.

(aus einer ſchwebenden Wolke.)

Dich ſchaut' ich immer, o Laertäs Sohn,
Der Feinde Liſt mit ſchlauem Blick erſpähn;
Nun ſeh' ich dich ſchon lang' am Meergeſtad'
An eures Lagers lezter Grenze leiſ'
Umlauſchen Ajas Zelte, ſehe dich
Aus friſchgetret'nen Stapfen prüfen, ob
Er drinnen oder drauſsen ſei; dich führt
Des edlen Spürhunds Scharfſinn, der nicht täuſcht.

v. 8. Im Text: des Spartaniſchen Spürhunds. — Sogar die Spartaniſchen Hunde waren berühmt.

Veloces Spartae catulos.

Virg. Geor. 3.

Der Mann iſt in dem Zelt, von Schweiſse trieft
Sein Haupt, und von des Schwertes Mord die Hand.
Daſs du am Eingang lauerſt, iſt nicht Noth;
Sprich was die Urſach dieſes Forſchens ſei,
Und lerne dann von mir, die alles weiſs.

ODÜSSEUS.

O Pallas Stimme! du Geliebteſte
Der Götter, dich erkenn' ich; zwar du biſt
Unſichtbar, doch ich höre deinen Laut,
Der wie der Kriegsdrommete Schall mein Herz
Erweckt, wenn ſie aus eh'rnem Munde ruſt.
Es iſt ſo wie du ſagſt, ich wandle hier
Um meinen Haſſer, Ajas, zu erſpähn,
Den ſchildbewehrten Sohn des Telamon;
Der iſt's, nach dem ich ſpür', und keiner ſonſt.
Er hat ein ſchrecklich, unerwartet Werk

v. 21. — — — — — Einem Thurme
Glich der eherne Schild mit ſieben Fellen beſpannet
Feiſter Stier' und einer ehernen Scheibe verſehen.
Ajas hielt' ihn nun vor der Bruſt, der Telamonide.
Meines Bruders Überſ. der Ilias 7. 216.

In dieſer Nacht gethan: daſs er es ſei,
Iſt zwar bis izt verhüllt, wir ſchwanken noch;
Drum nehm' ich willig dieſe Sorg' auf mich.
Wir fanden alle Beute unſers Heers
Vertilgt, und mit den Hütern auf der Trift
Das Herdenvieh von Menſchenhand erwürgt.
Auf ihn wirft jeder dieſes Frevels Schuld;
Auch hat ein Augenzeuge mir erzählt,
Er hab' ihn einſam über das Gefild
Mit blutgeneztem Schwerte gehen ſehn.
Drum eil' ich ſeine Spur zu ſpähn, die bald
Mir kenntlich iſt, und bald mich wieder täuſcht.
Du nahſt erwünſcht, die du an deiner Hand
Mich ſtets geleitet haſt, und leiten wirſt!

ATHÄNÄ.

Das weiſs ich! und ich bin dir lange ſchon
Auf deinem Forſcherpfad' ein treuer Schuz.

ODÜSSEUS.

Hab' ich denn Recht, o liebe Herrſcherin?

ATHÄNÄ.

Er hat die Thaten, die du ſpähſt, vollbracht.

ODÜSSEUS.

Und was erweckt das Wüten ſeiner Hand?

ATHÄNÄ.

Achilleus Waffen reizen ihn zum Zorn.

ODÜSSEUS.

Warum beſtürmt er unſre Herden denn?

ATHÄNÄ.

Ihn dünkt, er färb' in eurem Blut die Hand.

ODÜSSEUS.

Erſann er dieſen Rathſchluſs wider uns?

ATHÄNÄ.

Hätt' ich euch nicht geſchüzt, ſo wär's vollbracht.

ODÜSSEUS.

Was gab ihm dieſe Kühnheit, dieſen Truz?

ATHÄNÄ.

Bei Nacht und einſam ſtürzt' er hin auf euch.

ODÜSSEUS.

War er ſchon nah', und nicht vom Ziele fern?

ATHÄNÄ.

Er war schon bei der Feldherrn Doppelthor.

ODÜSSEUS.

Was hemmte seine blutbegier'ge Hand?

ATHÄNÄ.

Ich hielt ihn ab von seiner Frevellust,
Mit Truggestalten täuscht' ich seinen Blick,
Und trieb ihn zu den Herden, wo vermischt
Die Beute weidet unter Hirtenhut.
Da tobt' er rechts und links, und mordete
Die hochgehörnten Rinder, wähnend, es
Erwürge die Atreiden nun, und nun
Der andern Feldherrn einen seine Hand.
Ich bin's, ich hab' ihm dieser Krankheit Wut
Erregt und ihm der Täuschung Nez gestellt.
Als er vom Morde ruhte, fesselt' er
Die übrigen der Rinder, und die Schaar
Der Widder, und als wären's Männer, nicht
Gehörnte Beute, leitet' er sie heim,
Und ohn' Erbarmen geisselt er sie nun.
Ich will dir zeigen seine tolle Wut,
Dass du sie allen Griechen offenbarst.

Steh' du getrost, und fürchte du ihn nicht,
Ich will sein Auge wenden, dass auf dich
Er es nicht richten, dich nicht schauen soll.

(An Ajas.)

O der du der Gefang'nen Hände mit
Der Knechtschaft Banden fesselst, tritt heraus;
Dich Ajas ruf' ich, komm, verlass dein Zelt!

ODÜSSEUS.

Athänä, o was thust du? ruf' ihn nicht!

ATHÄNÄ.

Steh' schweigend und bezähme deine Furcht.

ODÜSSEUS.

O bei den Göttern, lass ihn ruhig dort!

ATHÄNÄ.

Warum denn? ist er der nicht, der er war?

ODÜSSEUS.

Er war mein Feind, und ist es nun noch mehr.

ATHÄNÄ.

Die Lache, die des Feindes höhnt, ist süss.

ODÜSSEUS.

Doch will ich lieber, daſs er drinnen bleibt.

ATHÄNÄ.

Vermagſt du nicht den Raſenden zu ſehn?

ODÜSSEUS.

Wär' er nicht ſinnlos, wollt' ich ihn nicht ſcheun.

ATHÄNÄ.

Er ſoll dich doch nicht ſehn, ſo nah du ſtehſt.

ODÜSSEUS.

Wie das, wenn er aus ofnen Augen blickt?

ATHÄNÄ.

Ich hüll' in Dämm'rung ſeine Wimper ein.

ODÜSSEUS.

Ein Gott vollbringet alles was er will!

ATHÄNÄ.

Hemm' deine Red', und bleibe wo du ſtehſt.

ODÜSSEUS.

Ich bleibe zwar, doch lieber wär' ich fern!

ATHÄNÄ.

Ajas! ich ruſe dir zum zweitenmal,
Du ehrſt mich wenig, deine Schüzerin!

DIE VORIGEN. AJAS.

AJAS.

O Heil, du Tochter Zeus, Athänä, Heil!
Du kommſt erwünſcht; ich will mit goldnem Schmuck
Dich krönen für die Beute, die mir ward.

ATHÄNÄ.

Du ſprichſt wie ſich's gebührt; doch ſage mir,
Trieſt ſo dein blutig Schwert vom Griechenmord?

AJAS.

Deſs rühm' ich mich, und leugne nicht die That.

ATHÄNÄ.

Schwangſt du es wider Atreus Kinder auch?

AJAS.

So dass sie Ajas nimmer wieder schmähn.

ATHÄNÄ.

Versteh' ich dich, so sind die Männer todt?

AJAS.

Kommt Todte!' raubt mir meine Rüstung nun!

ATHÄNÄ.

Wohlan, doch sprich, wo ist Laertäs Sohn?
Welch Loos ist sein? entrann er deiner Hand?

AJAS.

Du fragst nach diesem trugerfüllten Fuchs?

ATHÄNÄ.

Ich mein' Odüsseus, den dein Hass verfolgt.

AJAS.

Der ist, o Göttin, mir ein süsser Fang.
Er sizt im Zelt', ich tödt' ihn nicht so schnell.

ATHÄNÄ.

Was willst du thun, hofft du Gewinn von ihm?

AJAS.

Ich bind' ihn an die Pfosten meines Thors . . .

ATHÄNÄ.

Und welche Plage harrt des Armen mehr?

AJAS.

Von Geiſseln wund geſchlagen ſterb' er da!

ATHÄNÄ.

O hab' Erbarmen mit dem Leidenden!

AJAS.

Ein jeder andre Wunſch ſei dir gewährt;
Doch ſo nur büſs' er ſeine Schuld, nur ſo!

ATHÄNÄ.

Iſt das dein Wohlgefallen, nun ſo thu
Was dich gelüſtet, ſchone nicht des Arms.

AJAS.

Ich geh' zum Werke; ſei, Athänä, mir
Stets eine ſolche Helferin wie nun!
(Er geht.)

ATHÄNÄ.

Odüſſeus, ſchauſt du nun, wie groſs die Macht
Der Götter ſei? War wol ein weiſerer
Als Er, gerüſtet mehr zu hoher That?

ODÜSSEUS.

Ich kenne keinen, und es jammert mich
Des Armen, ob mich zwar ſein Haſs verfolgt,
Denn Bande des Verderbens feſſeln ihn.
Doch mehr noch als auf ihn blick' ich auf mich,
Und ſehe, daſs wir Menſchen alle, die
Wir leben, Traumgeſtalt und Schatten ſind.

ATHÄNÄ.

Das ſiehſt du; drum ſo rede nimmer ſelbſt
Ein Wort des Stolzes von den Göttern, nie
Schwill du in eitlem Dünkel, wenn du mehr
An Kraft der Hand und reichem Schaz vermagſt.
So wie der Tag ſich neigt und hebt, ſo neigt
Und hebt er auch der Sterblichen Geſchick.
Die Götter lieben den, der weiſe, fromm,
Beſcheiden iſt; den Böſen haſſen ſie.

(Athänä verſchwindet, Odüſſeus geht ab.)

CHOR.

Telamonischer Sprosse, der du gebeutst
Über Salamis wogenumflossenen Strand,
Bist du glücklich, so erfreuen wir uns mit dir;
Erhebt sich der Götter Geisel wider dich,
Oder der feindlichen Danaer Schmähungswort,
So ergreifen uns Sorgen, und wir beben so,
Wie das Auge der flatternden Taube bebt.
Uns haben in der entflohenen Nacht
Mächtige Schrecken ergriffen, da die Sage scholl,
Du wütetest auf der Wiesen, und schlügst,
Ermordend mit strahlendem Schwert,
Die Herden, den speererfochtenen Raub.
Der Ersinner Odüsseus ist's,
Der diese Worte flüstert in das Ohr
Aller Griechen, und sie glauben ihm.
Deine Hasser beredet er leicht,
Sie erfreuen sich des erzählten Wort's
Und freveln über deinen Gram.
Wer gegen die grossen Männer den Pfeil
Der Verläumdung schiesst, der irret nie

v. 141. Die Danaer, die Griechen.

Von dem Ziele; wer aber von uns
Solche Dinge ſaget, findet den Glauben nicht.
Wider die Mächtigen kreucht der Neid;
Doch ohne die Groſsen ſind die Kleinen nur
Der ſchwachen Mauer täuſchender Schuz.
Vereint mit dem Groſsen erhebt
Der Kleine, und mit dem Kleinen der Groſse ſich.
Doch dieſe Kunde der Weisheit, wer vermag
Sie zu lehren die Thoren? Dieſe ſind's,
Deren Stimme ſich wider dich empört.
Unſere Hülfe, o König, iſt für dich
Ohne deine eigene zu ſchwach.
Sind ſie entflohen von deinem Blick,
So rauſchen ſie umher wie der Vögel Schaar;
Wenn aber du plözlich wieder erſcheinſt,
Ein ſchreckender Geier! ſo erſtarr'n
Bebend und ſprachlos ſie!

STROFE.

Kronions Tochter hat dich, die Jägerin
Auf Tauris Fluren, — ach ſchon erſchallt umher

v. 175. Die Göttin Diana hatte einen berühmten Tempel in Tauris. Das Chor nennt ſie vermutlich

Die Mutter unſrer Schmach, die Sage, —
Hat dich geſtürzt in die Rinderherden!

Haſt du getäuſcht die Göttin? für Siege, die
Sie dir erſtritt, die Gabe des Weihgelübds
Der Helferin verſagt, nicht ihre
Tempel geſchmückt mit der Jagden Beute?

Wie? oder zürnt dir Aräs, der Schlachtengott
In eh'rnem Panzer? will er Beleidigung
Von dir, o du ſein Streitgenoſſe,
Strafen mit nächtlicher, ſchlauer Rache?

GEGENSTROFE.

Sonſt wärſt du niemals, Telamons edler Sohn,
Vom Weisheitspfade links auf die Afterbahn
Geirrt, und hätteſt nie gewütet
So in die Farren und Widderherden.

Die Götter ſandten dieſes Verderben ihm.
O Vater Zeus, o Föbos Apollon, heilt

zuerſt, weil aller Wahnſinn in dem Einfluſſe des Mondes geſucht wurde.

Aut fanaticus error et iracunda Diana.

Horat. Epiſt. ad Piſones, v. 454.

Des Fluches Seuche, tilgt die böse
Sage, die Schmach auf die Griechen ausgeufst.

Doch wenn der Fürsten Neid und des Sisüfos
Verhasster Same listig die Lüg' ersann,
So tritt an's Ufer aus dem Zelte,
König, und mehre nicht selbst den Argwohn!

DAS GANZE CHOR.

Reiss' dich von deinen Sizen empor, an die dich schon lange
Fesselt der müssige Gram!
Du entflammst dir noch mehr die himmlische Rach', und es wütet
Frecher der Feinde Gewalt,
Wütet wie Flammen auf säuselnder Höh; dir zischen die Zungen
Hohn, und wir jammern um dich!

v. 194. Die Sage, welche Odüsseus beschuldiget ein Sohn des Königes Sisüsos von Korinth zu sein, behauptet: dieser habe Antikleia, Laertäs Braut, auf ihrer Reise von Arkadien nach Ithaka entehrt, und Odüsseus sei die Frucht dieser Frevelthat gewesen.

TEKMÄSSA. DAS CHOR.

TEKMÄSSA.

O ihr Genossen des Ajasschiffs,
Ihr, der erdentsprossten Erechtheiden Geschlecht,
Jammer ist unser, die wir uns
Kümmern für Telamons entferntes Haus!
Ach der grosse, der furchtbare, der gewaltige
Ajas liegt und erkrankt
In der finstern Seuche, die über ihn stürmt.

CHOR.

Ach, wie hat diese Mitternacht
Die Ruhe des Tages mit schweren Lasten vertauscht!

v. 205. Erechtheus, einer der ältesten Könige der Athänienser, die sich, als ursprüngliches Geschlecht, aus der Erde entsprosst glaubten. Lange waren wegen der Insel Salamis blutige Kriege zwischen den Athäniensern und den Megarensern geführt worden. Endlich übertrugen beide Völker Sparta die Entscheidung. Ein Vers der Ilias, den Solon für sein Vaterland anführte, gab Athän den günstigen Ausspruch:

Ajas, Telamons Sohn, führt zwölf Salaminische Schiffe,
Und er stellte sie dicht an die Reihen der Athänaier.

Meines Bruders Übers. der Ilias 2. v. 543.

Tochter Teleutas des Frügiers,
Sag' es uns, du, die der Held mit dem Schwert
Sich erwarb, die er liebend in ſein Bette nahm,
Sag' es uns, denn es iſt dir bekannt!

TEKMÄSSA.

O wie ſoll ich euch ſagen was unſäglich iſt?
Ihr höret ein Wehe dem Tode gleich.
Von der Wut ergriffen, hat uns
Der edle Ajas nächtliches Unheil erregt;
Die erwürgten, blutigen Opfer, die ihr
In dem Zelte ſchaut, ſind die Thaten ſeiner Hand!

CHOR.

STROFE

Welche Botſchaft bringſt du von dem Ergrimmten uns, Weib?
Unerduldbar, unverſchweigbar iſt ſie!
Ach! und es werden ſie die Fürſten bald
Säen unter das Volk umher!

Wehe! unſer Herz bebet für Entſezen und Angſt!
Wir erblicken vor den Augen den Tod

Deſs, der mit Händen und dem Würgerſchwert
Wütend Farren und Hirten ſchlug.

TEKMÄSSA.

O wehe! dorther, dorther kam er zu uns
Mit der geſangenen Herde Raub.
Auf der Erde lagen erwürgt dieſe ſchon,
Jenen haut' er die blutenden Seiten auf.
Er ergrif zween weiſszottige Widder, ſchnitt
Dem einen die Zung' ab und das Haupt,
Und warf es weit ſchleudernd von ſich;
Den andern band er hoch an die Seule des Thors,
Und mit des Roſsgebiſſes Zaum
Geiſselt' er ihn, daſs es laut erſcholl;
Flüche der Rache ſchüttet' er wider ihn aus,
Die ihm flüſterte ein Dämon und kein Menſch.

CHOR.

GEGENSTROFE.

Ach die Stund' iſt da! kommt, daſs wir entfliehn mit der Hüll'

Um das Haupt und mit verſtohlnem Fuſs;
Kommt zu den Rudern, und ergreift ſie ſchnell!
Löſ't die Bande des Wogenſchiffs!

Laut wie Ruderſchall drohet der Atreiden Geſchrei!
Du verfolgſt uns mit gehobenem Stein,
Gott des Gefechts! denn es ergreift auch uns,
Ach wie ihn, des Verderbens Fluch!

TEKMÄSSA.

Nun nicht mehr! So wie, wenn der Donner ſchweigt,
Der tobende Süd raſtet, ſo raſtet auch er.
Doch eine weiſere Qual foltert ihn nun —
Das Elend, das wir erdulden, anzuſchaun,
Und keinen, der es erregte, als nur wir;
Mit den gröſsten der Schmerzen erfüllet das!

v. 248. Aräs, der Kriegsgott, bedeutet oft einen gewaltſamen Tod. Das Chor fürchtet die Steinigung.

CHOR.

Wenn Ruh' ihn lindert, welcher Troſt für uns!
Denn mit den Leiden ſchwindet auch der Gram.

TEKMÄSSA.

Was wähltet ihr, wär' euch die Wahl vergönnt:
Selbſt glücklich, euren Freunden Sorg' und Schmerz
Zu geben, oder gleiches Unglücks ſein?

CHOR.

Ein doppelt Unglück, Weib, iſt drückender.

TEKMÄSSA.

Wir ſind zwar ſelbſt nicht krank, doch leiden wir!

CHOR.

Was ſagſt du? wir verſtehn nicht was du ſagſt.

TEKMÄSSA.

So lange jenen Mann der Krankheit Wut
Noch faſste, freut' er ſeiner Leiden ſich;
Doch uns Geſunden gab er bittern Schmerz:
Nun, da er ſich erholt, weil ſie verſchwand,

Treibt ihn der Stachel ſeines ſchwarzen Grams,
Und unſer Leiden iſt nicht minder drum.
Ward ſo nicht doppelt, was nur einfach war?

CHOR.

Wir ſagen ſo wie du, und fürchten, Fluch
Der Götter harre ſein, da er, befreit
Von ſeiner Wut, nicht gröſsres Labſal fühlt.

TEKMÄSSA.

Ihr müſst erfahren wie es alles war.

CHOR.

Wie ſank zuerſt das Unglück auf ſein Haupt?
Erzähl' es uns; wir leiden ja mit dir.

TEKMÄSSA.

O Mitgenoſſen! alles ſag' ich euch.
Um Mitternacht, als ſchon der Abendſchein
Der Fackeln ausgelöſcht war, ſann er auf
Den Gang der Wut, und nahm ſein Helden-ſchwert,
Ich ſchalt und fragte: Ajas, welche That
Beginnſt du ungerufen, ungelockt?
Was ſtürzeſt du, da die Drommete ſchweigt,

Ein jeder Krieger ſchlummert, nun hinaus?
Er ſprach nur kurz, und ſang ſein ewig Lied:
„O Weib, das Schweigen iſt der Weiber Schmuck.“
Ich ſchwieg, und einſam drang er aus dem Zelt —
Zu ſagen was geſchah vermag ich nicht.
Doch als er wiederkehrte, trieb er heim
Gebund'ne Rinder, hochgehörn'ten Raub,
Die Hunde mit den Herden; dieſen hieb
Er ihre Köpfe ab, und jenen dreht'
Er aufwärts ihre Hälſe, ſtach ſie todt,
Und theilte ſie, und andre geiſſelt' er
Als Menſchen: ſo war gegen ſeinen Raub
Des Mannes Wut. Doch plözlich rann er aus
Der Thür, und hielte, wie es ſchien, Geſpräch
Mit einem Schatten, von Odüſſeus und
Den Atreusſöhnen, lachend ohne Maas,
Daſs dies die Rache ihres Frevels ſei.
Er eilte bald zurück, und endlich wich
Nach langer Zeit, und kaum, der Schwindelgeiſt.
Als er mit Mord erfüllt die Wohnung ſah,
Schlug er ſein Haupt, ſchrie laut, und warf ſich auf

Erwürgter Widder blut'ge Haufen hin,
Und raufte mit den Nägeln sich sein Haar.
So sass er sprachlos, bis er endlich mir
Mit harten Worten drohte, wenn ich ihm
Nicht alles offenbarte was geschehn,
Und wie der Dinge Zustand jezo sei.
Die Furcht ergrif mich, Freunde, und von dem,
Was mir bekannt war, blieb nichts ungesagt.
Da scholl sein bittres Wehgeschrei, wie nie
Mein Ohr von ihm vernahm; denn immer sagt'
Er sonst, die Winselklage sei das Loos
Des feigen, niedern Mannes, und erhub
In keinen Leiden einen Jammerruf,
Nur leise ächzend wie ein kranker Stier.
Nun liegt er da, in seinen Schmerz versenkt,
Verschmähet Speis' und Trank, und schweigt, umringt
Von allen Herden, die sein Schwert erschlug.
Aus seiner Red' und seinen Klagen ist's
Mir offenbar, dass er auf Unglück sinnt.
Ach, Freunde, dieses ist's, warum ich kam:

Kommt mit mir, kommt und helft, wenn ihr's vermögt;
Nur Freunde lenken einen solchen Mann!

CHOR.

Teleutas Tochter, schrecklich ist, was du
Von seinem bösen Wahnsinn uns erzählst!

AJAS.

(ungesehen:)

O wehe! wehe!

TEKMÄSSA.

Ach bald noch mehr! Hört ihr es, wie der Schall
Von Ajas Stimme schaudervoll ertönt?

AJAS.

O wehe! wehe!

CHOR.

Die Krankheit fasst ihn wieder, oder er
Bejammert Leiden, die er vormals litt.

AJAS.

O Knabe, Knabe!

TEKMASSA.

Ach Eurüſakäs, du biſt's, dem er ruft.
Was will er? O wo biſt du? Wehe mir!

AJAS.

Teukros! wo biſt du, Teukros? willſt du ſtets
Nur Raub verfolgen? Ach mit mir iſt's aus!

CHOR.

Er ſcheint bei Sinnen; öfne du die Thür,
Vielleicht ergreift die Schaam ihn, ſieht er uns.

TEKMÄSSA.

Schaut, ich eröfne ſie; nun mögt ihr ſehn
Die Thaten ſeiner Hand, und wie's ihm ſei.

(Tekmäſſa öfnet das Zelt.)

v. 337. Eurüſakäs, der Sohn Ajas und der Tekmäſſa. Sein Name deutet auf den groſsen Schild des Vaters.

DIE VORIGEN. AJAS.

AJAS.

ERSTE STROFE.

Geliebte Gefährten des Schiffs,
Freunde, Einzige, die ihr mir,
Ihr allein, treu verbliebt, ſchaut, wie mich die Flut
Blutiger Wogen umgiebt, hoch mich umſtrömt!

CHOR.

O weh'! izt ſchaun wir, daſs dein Zeugniſs nicht
Erdichtet war, die That zeigt ſeine Wut!

AJAS.

ERSTE GEGENSTROFE.

Genoſſen der ſegelnden Fahrt,
Ach ihr Schwinger, des Ruderarms,
Ihr allein, treue Schaar, ſeid des Führers Troſt,
Thut was den Herden ich that, tödtet mich auch!

CHOR.

Sprich gute Worte! mehre nicht dein Leid!
Des Unglücks Heilung ſei nicht gröſs'rer Fluch!

AJAS.

ZWOTE STROFE.

Schaut ihr den Mann, ihn, den der Mut einſt das Herz
Hob, der die Schlacht ſchreckenlos ſah, ſchaut ihr mich
Wider harmloſes Vieh wüten mit grimmiger Hand?
Ach des Hohns und des Frevels! Wehe mir!

TEKMÄSSA.

Ajas, ich flehe, rede du nicht ſo!

AJAS.

Hinaus! Noch ſäumſt du? Wende ſchnell den Fuſs!
Ach wehe! wehe!

v. 355. Sage nicht Worte einer ungünſtigen Vorbedeutung. Die Griechen enthielten ſich ſo ſehr ſolcher Ausdrücke, daſs ſie nicht ſagten: Er iſt todt, ſondern: Er liegt.

CHOR.

Sei weiſ', und thue was er dir gebeut.

AJAS.

DRITTE STROFE.

Ach! ach! daſs entrannen meiner Hand
Die Wütriche, der Rache gewidmeter Raub!
Daſs ich ſtürzt' in die Rinderherden und das Wollenvieh,
Daſs ich vergoſs unedles Blut!

CHOR.

Was jammerſt du ob der vollbrachten That?
Du machſt ſie doch zur ungeſcheh'nen nicht!

AJAS.

ZWOTE GEGENSTROFE.

Du, der du ſchlau alles erſpähſt, o du Quell
Jeglicher That, welche den Fluch auf uns häuſt,
Sohn Laertäs, des Heers arger Bethörer, es labt
Dich die Lache des lauten Hohnes nun!

CHOR.

Ein jeder lacht und weint, wie Gott es will.

AJAS.

O ſäh' ich ihn, ſo elend ich auch bin!
Ach wehe! wehe!

CHOR.

Schau auf dein Leiden; rede nicht ſo ſtolz!

AJAS.

DRITTE GEGENSTROFE.

Zeus, meines Geſchlechtes erſter Stamm,
Vertilgen den verhaſsten Erſinner des Trugs,
Und vertilgen die Zwillingskönige des Griechenheers
Laſs mich! und dann ſei mein der Tod!

TEKMÄSSA.

O flehſt du das, ſo flehſt du mir mit dir
Den Tod. Was iſt mein Leben ohne dich?

AJAS.

VIERTE STROFE.

O du Finſterniſs, mein Licht! und du Todesgruſt,

O wie leuchtend ſtrahleſt du mir!
Empfahet, empfahet zu eurem Bewohner mich!
Ach, der nicht werth iſt die Geſchlechte der Götter zu ſchaun!

Noch der Sterblichen Geſchlechte, die gebiert
Und tödtet ein einziger Tag!
Die mächtige Göttin, die Tochter Zeus,
Verfolgt mit der Geiſsel der Strafe mich!

Entflieh' ich? o wohin? wo hemm' ich die Flucht?
Aus iſt es mit mir, wie mit den Opfern meiner Wut,
Unter denen ich lieg'! und ſchon,
Schon ſchwinget das Heer zu meinem Morde das Schwert!

TEKMÄSSA.

O wehe mir, daſs dieſer edle Mann
So redet, wie. er nimmer vormals that!

AJAS.

VIERTE GEGENSTROFE.

O ihr Ströme, die ihr ſtürzt in das Meer, und ihr,
Des Geſtades Grotten, und du,
O wogenbeſchatteter Hain, o wie lange ſchon
Feſſelt ihr mich an die Gefilde der Ilionsburg!

Doch ihr haltet nun den Athmenden nicht mehr!
Wer es will der vernehm' es von mir:
Nicht wieder, Skamandros, o Griechenfreund,
Erblickſt du an deinen Geſtaden mich!

Erblickeſt nicht den Mann, deſs Gleichen nicht ſah
Troja in dem Heere, das von Hellas Lande zog.
Hört das groſse Wort meines Ruhms! —
Doch wehe! des Ruhms beraubet liege nun ich!

v. 405. Skamandros, ein Strom bei Troja. —
An dem blumenvollen Geſtade des ſchönen Skamandros.
Meines Bruders Überſ. der Ilias 2. 458.

CHOR.

Wir können nicht erlauben, wehren nicht,
Daſs du in ſolchen Leiden alſo ſprichſt.

AJAS.

Ach, daſs mein Name ſo mit meiner Qual
Gleichſtimmig ſei, wer hätte das gedacht?
Nun heiſcht mein Unglück, daſs ich ohne Raſt,
Mit lautem Jammer rufe Ach und Weh!
Mein Vater kam von Ida's Landen einſt
Mit ſeines Mutes ſchönſtem Lohn zurück,
Und mit dem höchſten Ruhm im ganzen Heer.
Und ich, ſein Sohn, der ich an gleichem Ort
Nicht mindre Kraft und ſchwäch're Thaten nicht
Den Troern zeigte, ſterbe hier entehrt
Von Griechen. Doch mein Troſt iſt, lebte noch
Achilleus, und gewährt' er ſelbſt zum Preis
Der Tugend ſeine Waffen; warlich mir
Entzöge keiner aller Griechen ſie.
Doch Atreus Söhne raubten mir mein Recht,
Und gaben ſie dem ſchlauen Böſewicht.

v. 413. Der Anfang des Namens Ajas: Ai war ein Ausruf des Jammers bei den Griechen.

Ach hätte irrend nicht mein Aug' und Sinn
Das Ziel verfehlt, es spräche fürder nie
Ein Urtheil über wen es wär' ihr Mund.
Zeus Tochter, die mit Gorgo's Auge droht,
Die unbezwingliche Athänä schlug
Mit toller Wut mich, da sich meine Hand
Schon wider jene hob; sie war's, die mir
Die Hände röthete mit Herdenblut.
Sie sind entflohn; dess gräm' ich mich, und dess
Verlachen sie mich nun! Zürnt uns ein Gott,
So hemmt der Tapfre nicht des Feigen Flucht!
Was thu' ich nun? Die Götter sind mir feind,
Das weiss ich, und mich hasst der Griechen Heer,
Ganz Troja, und das Feld das sie umringt!
Kehr' ich zur Heimat, segl' ich durch die Flut,
Verlass' ich hier den schiffbedeckten Strand,
Und Atreus Söhne einsam ohne mich?
Doch ach! mit welchem Auge dürft' ich nah'n
Dem Vater? wie vermöchte der, entblösst

v. 432. Pallas trug auf ihrem Schilde das Haupt der Gorgo Medusa, deren Haare Schlangen waren, und deren Augen die Anschauenden versteinerten.

Von allem Preis des Mutes mich zu ſchaun,
Er, den des Ruhmes ſchönſte Krone ſchmückt?
Das duld' ich nicht! Geh' ich und ſtreit' allein
Auf Troja's Mauern, und erliege dort
Zulezt der Übermacht nach edler That?
Doch den Atreiden wäre das Gewinn;
Nein, das ſei fern! Ich will erſinnen, wie
Mein alter Vater wiſſe, daſs ſein Sohn
Nicht ohne Herz von ihm erzeuget ſei.
Dem Mann, der nie von Leiden ruht, iſt's Schmach,
Wenn er ſich doch nach langem Leben ſehnt.
Erfreut der Tag, der auf den andern folgt,
Uns nur, weil er dem Tode Säumniſs giebt?
Ich kaufte nicht für niedern Werth den Mann,
Der immer ſich an eitler Hofnung wärmt.
Dem Edlen ziemt es ſchön zu leben, ſchön
Zu ſterben — Alles habt ihr nun gehört.

CHOR.

Nun ſagt wol niemand, deine Rede flieſs'
Aus fremder Quelle, nicht aus eigner Bruſt!

Doch zähme dich, lass deiner Freunde Rath
Dich lenken, und verbanne deinen Gram.

TEKMÄSSA.

O Ajas, mein Geliebter, keine Last
Drückt wie der Knechtschaft Joch die Sterblichen!
Auch ich bin eines freien Vaters Kind,
Der reich und mächtig war in Frügia;
Nun bin ich eine Magd, denn so gefiel's
Den Göttern, und am meisten deiner Hand;
Doch seit ich deine Bettgenossin bin,
Sorg' ich mit zartem Kummer stets für dich:
Ich flehe dir, bei Zeus, des Herdes Schuz,
Und bei des Bettes Band, das uns vereint,
O lass mich deiner Feinde Hohngezisch
Nicht dulden, gieb mich nicht in ihre Hand!
Verlässest du, mein Ajas, sterbend mich,
So raubt desselben Tages die Gewalt
Der Griechen mich und deinen Sohn, und zwingt,
Ach lebenslang! uns in der Knechtschaft Joch;
Und einer meiner Herren spricht vielleicht

Mit bitterm Spott: „Seht Ajas Gattin dort,
„Dem keiner unsers Heers an Stärke glich!
„Verwandelt ist ihr Glück in Sklaverei!“
Das hör' ich, mich verzehrt mein Unglücksloos,
Und dir und deinem Hause ist es Schmach.
Ach schone deines Vaters, und verlass
In seinem schweren Alter du ihn nicht,
Und schone deiner Mutter, die so viel
Der Jahre sah, und die den Göttern stets
Für deine Wiederkunft mit Thränen fleht!
Erbarme deines Sohns dich, dass er nicht,
Der Vaterpflege früh beraubt, den Zwang
Des Vormunds dulde, der nicht liebreich ist.
Stirbst du, welch Leiden harret mein und sein!
Ich habe niemand als nur dich, auf den
Ich schaue! Du vertilgtest unsre Stadt,
Und meine beiden Eltern hat der Tod
Geraubt und zu den Schatten sie gestürzt.
Wo find' ich, als bei dir, ein Vaterland
Und Hab' und Glück? Ich lebe nur in dir;
Gedenke mein! Es ist des Mannes Pflicht,
Nicht zu vergessen, wenn ihm Freude ward.
Gebiert nicht ewig Liebe Liebe? Wem

Genoſs'ner Luſt Erinnerung entflieht,
In deſſen Herzen wohnt kein Edelmut.

CHOR.

Ajas! erfüllte doch Erbarmen dich
Wie uns! du würdeſt loben was ſie ſagt.

AJAS.

Sie ſoll des Lobes viel von mir empfahn,
Wenn ſie was ich gebiete wagt zu thun.

TEKMÄSSA.

Geliebter, ich gehorch' in allem dir.

AJAS.

Führ' meinen Knaben her, ich will ihn ſehn.

TEKMÄSSA.

Von Furcht getrieben hab' ich ihn entfernt.

AJAS.

Aus Furcht vor mir? von andrer Angſt geſchreckt?

TEKMÄSSA.

Daſs du ihn tödten möchteſt, fäh'ſt du ihn.

AJAS.

Mein böſes Schickſal heiſchte deine Furcht.

TEKMÄSSA.

Drum war ich emſig es zu thun bedacht.

AJAS.

Ich lobe deine Vorſicht und die That.

TEKMÄSSA.

Iſt etwas ſonſt, das du von mir begehrſt?

AJAS.

Gieb mir des Knaben Anblick, führ' ihn her.

TEKMÄSSA.

Er iſt nicht fern, die Knechte hüten ihn.

AJAS.

Was ſäumt er noch, warum erſcheint er nicht?

TEKMÄSSA.

O Kind, dein Vater ruft! — Der Knecht geleit'
Ihn her zu uns, der ihm die Schritte lenkt.

AJAS.

Rufſt du dem Nahenden; hört's auch ſein Ohr?

TEKMÄSSA.

Ein Knecht führt ihn zu uns, und iſt ſchon da.

DIE VORIGEN. EURÜSAKÄS, DEN EIN KNECHT FÜHRT.

AJAS.

Heb' ihn empor, und gieb ihn mir; ihn ſchreckt
Das warme Blut des Mordes nicht, wenn er
Der wahre Sprößling meines Samens iſt;
Zu ſeines Vaters rauhen Sitten muſs
Er früh ſich bilden, einſt ihm gleich zu ſein.
Sohn, ſei beglückter als dein Vater war,
Doch ſonſt mir gleich, ſo fiel dein Loos nicht ſchlimm!
Schon izt beneid' ich dich, daſs du noch nichts
Von allen deinen Leiden fühlen kannſt.
Ein ſinnlos Leben iſt das ſüſseſte;
Sinnloſigkeit iſt Elend ohne Schmerz.

Bald kommt das Alter, da du lernſt dich freun
Und dich betrüben; dann iſt's deine Pflicht,
Daſs du den Feinden zeigeſt, welcher Mann
Dein Vater war, und wie er dich erzog.
Indeſſen athme leichten Lebenshauch,
Und pflege deiner zarten Seel', und ſei
Die Freude deiner Mutter! O ich weiſs,
Daſs dich der Griechen Frevel, wenn du auch
Von mir getrennt biſt, doch nicht höhnen darf;
Denn zum Beſchüzer laſs' ich Teukros dir,
Zum Wächter deiner Pflege. Zwar er iſt
Nun fern, ein Jäger nach der Feinde Raub;
Doch euch befehl' ich allen dies Geſchäft:
Verkündet meinen Willen ihm, daſs er
Den Knaben heim geleit', und Telamon
Und meiner Mutter Eriböa ihn
Zuführe, einſtens ihres Alters Schuz,
Bis ſie der Gruft des Todesgottes nahn.
Um meiner Waffen Preis ſoll nicht das Heer
Der Griechen buhlen, meines Todfeinds Spruch
Nicht walten über ſie! Nimm du, mein Sohn,
Den breiten Schild, der deinen Namen hat,
Den ſieben Rinderhäute ſchüzen, den

Kein Speer verlezt; umſchlinge deinen Arm
Mit ſeinem Riemen, dieſer Schild ſei dein;
Die andern Waffen decke meine Gruft.

(an Tekmäſſa.)

Ergreiſe du den Knaben, leit' ihn heim,
Und fülle du mit deinem Angſtgeſchrei,
Der Weiber erſte Zuflucht, nicht mein Zelt.
Eil' und verſchleuſs die Thür! ein weiſer Arzt
Heilt nicht mit Zauberliedern das Geſchwär,
Das nicht der Worte, das des Schnitts bedarf.

CHOR.

Dein raſcher Eifer giebt uns Furcht, und uns
Gefällt die Schärſe deiner Zunge nicht.

TEKMÄSSA.

O mein Geliebter, was iſt dein Entſchluſs?

AJAS.

Erforſche du ihn nicht, ſei weiſ' und ſtill.

TEKMÄSSA.

Ach ich verſink' in Gram! bei unſerm Sohn
Und bei den Göttern, o verrath' uns nicht!

AJAS.

Du quälſt zu ſehr mich; weiſst du nicht, o Weib,
Daſs ich der Götter Schuldner nicht mehr bin?

TEKMÄSSA.

O frevle nicht!

AJAS.

Das ſage dem, der's hört!

TEKMÄSSA.

Verſchleuſst du mir dein Ohr?

AJAS.

Hemm' dein Geſchwäz!

TEKMÄSSA.

Ich zittre, König!

AJAS.

(an das Chor.)

Führt ſie ſchnell hinweg!

TEKMÄSSA.

O bei den Göttern, werde ſanfter!

AJAS.

Wähnſt
Du Thörin, mir zu beugen meinen Sinn?

(Ajas gehet in ſein Zelt, Tekmäſſa führt den Knaben weg.)

CHOR.

ERSTE STROFE.

O du Inſel des Ruhms, ſelige Salamis,
Mutter unſers Geſchlechts, die du das Felſen-
haupt
Hoch aus wogigen Meeren
Hebſt, o wehe! wir ſchaun dich nicht!

Ach, wie ſäumen wir hier alternde Zeiten
ſchon
Auf der graſigen Flur und auf der Lämmertrift
Ida's, wo uns der Jahre
Flucht verzehret, des Ruhms beraubt!

Statt der Hofnung umſchwebt Ahndung des To-
des uns,
Unſre Bahn ſei erfüllt, und zu den finſteren

Thalen leite nun endlich
Uns der Pfad zu der Schattengruft.

ERSTE GEGENSTROFE.

Müde sind wir des Kampfs! Ach, und ein stärkerer
Kämpfer tritt in die Bahn, rüstet sich wider uns,
Ajas, den mit des Wahnsinns
Fluch die Götter belasteten!

Ehmals sandtest du ihn, schön in des Sieges Ruhm,
In den wütenden Krieg. Einsame Pfade irrt
Nun sein Geist, und bereitet
Seinen Freunden des Jammers viel.

Seine Thaten des Muts, seine gewaltigen
Thaten liegen verkannt tief in dem Staube nun,
Danklos durch der Atreiden
Undank und der Bethörten Hass.

ZWOTE STROFE.

Seine betagte, graugelockte Mutter,
Die zur Erde des Alters Lasten beugen,

Welche Klagen, hört ſie des Sohnes Schmerz
und
Irrenden Wahnſinn,

Ach die Erbarmungswerthe! welche Klagen
Wird ſie jammernd erheben, nicht mit ſanfter
Wehmut Stimme, ſo wie die Nachtigall ihr
Seufzendes Lied ſingt:

Sondern in lautem Wehgewinſel wird ſie
Weinen, wird mit den Händen ohne Mitleid
Schlagen ihre Bruſt, und das Silberhaar der
Scheitel entraufen.

ZWOTE GEGENSTROFE.

Beſs'rer Gewinn iſt ſein, wenn ihn des Todes
Gruſt verſchlinget, als wenn die rettungsloſe
Qual ihn foltert, ihn, des Achajaheeres
Tapferſten Krieger.

Aus dem Geſchlechte ſeiner Väter trat er
In die Kämpfe der Mühen; ach nun ſtürzen
Ungewohnte Leiden auf ihn, er ſchweiſt auf
Pfaden der Irre!

v. 625. Achaja, ein Theil von Griechenland, wird oft für dieſes ganze Land genommen.

Wehe dir, Vater! welche Botschaft harret
Dein, vom Loos des Verderbens, das dem Sohne
Fiel, wie keinem Sprossen der Aiakiden
Jemals gefall'n ist!

AJAS. TEKMÄSSA. CHOR.

AJAS.

Die lange, grenzenlose Zeit enthüllt
Was dunkel, und verbirgt was strahlend ist:
Erwartbar ist uns alles, alles wird
Gebrochen, selbst der Eidschwur, furchtbar wie
Er ist, und jeder rauhe Sinn! Ich, einst
So starr wie Eisen, das die Tauchung stählt,
Bin nun erweicht und sanft durch dieses Weib.
Mich jammert's, sie als Wittwe, meinen Sohn
Als Waise zu verlassen; doch ich geh'
In's Bad und zu des Meergestades Trift,

v. 633. Aiakos, Jupiters Sohn von der Königstochter Aigina, war Telamons und Päleus Vater, welche, dieser Achilleus, jener Ajas, zeugten.

Vom Fluch mich rein zu waſchen, und dem Zorn,
Dem ſchweren Zorn der Göttin zu entfliehn.
Iſt wo ein Ort, zu dem kein Wandrer nah't;
Da will ich dieſes Schwert, die feindlichſte
Der Waffen, tief vergraben, daſs kein Blick
Es ſchau', und Nacht und Gruſt bewahr' es dort.
Seit ich in meine Rechte dies Geſchenk
Von Hektor, meinem Feinde, nahm, genoſs
Ich von dem Griechenheere keine Gunſt.
Wahr iſt die Sage: Gaben, die der Feind
Uns giebt, ſind keine Gabe, kein Gewinn!
Nun will ich lernen mich den Göttern ſtets
Zu beugen, und zu ehren Atreus-Blut.
Sie ſind ja Fürſten; muſs man ihnen nicht
Gehorchen? Weicht das Stärkſte, Mächtigſte
Nicht ſtets der Herrſchaft? So der Winterſchnee
Dem fruchtbelad'nen Sommer, ſo der Kreis

v. 651. Ajas und Hektor fochten einen Zweikampf, dem endlich die Herolde und die kommende Nacht ein Ende machten. Beide Helden ſchieden mit Gaben aus einander. Hektor ſchenkte Ajas ein Schwert mit ſilbernen Buckeln, und dieſer jenem einen köſtlichen purpurnen Gürtel.

Der finstern Nacht dem leuchtenden Gespann
Des Tages, der das Licht uns wiederbringt!
Der milde Hauch besänftiget des Meers
Empörte Wogenbrandung, und der Schlaf,
Der Allbeherrscher, fesselt ewig nicht
Die Sterblichen, er lös't sie wieder auf.
Und weise Demut lernten nicht auch wir?
Schon lange weiss ich, dass ich meinen Feind
So hassen muss, als liebt' ich ihn dereinst,
Und dass ich meinem Freunde Hülf' und Dienst
Erweisen muss, als blieb' er mir's nicht stets.
Ein klippenvoller Hafen ist zu oft
Uns Sterblichen die Freundschaft! — Doch das mag
So sein! — Geh du, und fleh' indess, o Weib,
Die Götter an, dass sie erfüllen, was
Mein Herz begehrt . . .

(Tekmässa geht ab.)

Und ihr auch, Freunde, fleht

v. 669—672. Püthagoras gab seinen Jüngern die Ermahnung, Freunden so zu begegnen, dass sie nie Feinde, und Feinden, dass sie bald Freunde würden.

Mir bei, und saget Teukros, wenn er kommt,
Dass er für mich und für die Meinigen
Mit Liebe sorg', und euch auch günstig sei.
Ich gehe nun, wohin ich gehen muss.
Thut was ich sag'; ihr hört vielleicht nun bald,
Dass ich erlös't von meinem Elend bin.

(Ajas geht ab.)

CHOR.

STROFE.

Schauer der Freuden ergreifen uns,
Wir schweben auf Fittigen hoch empor!
O du Pan, Waller am Meer, komm, o Pan,
O erschein' uns von des Berg's schnee-
igem Haupt!

Führer des himmlischen Reigenfests,
Ersinner der Tänze, die Kräta tanzt,
Und die tanzt India's Schaar, lehre du,
Denn nach Tanz lüstet uns nun, lehr'
uns sie, Pan!

v. 686. Pan, der Gott des Hirtenlebens, der Flöte und des Tanzes.

König Apollon, o Dälios,
O strebe von Ikaros Wogenflut
Zu uns her, sichtbar, o Gott! schaue du
Mit dem Blick segnender Huld, Föbos,
auf uns!

GEGENSTROFE.

Jauchzet! die Wolke des Grames ist
Gelös't von dem Auge! der Strahlentag
Ist, o Zeus! ferne nicht mehr. Sehn-
suchtsvoll
Nach der Fahrt, eilen wir schon hin
an das Meer.

Ajas verbannet der Leiden Schmerz;
Er fürchtet die Götter und sühnet sie,
Wie der Brauch Sühnung gebeut; opfernd
steht
Mit des Fleh'ns Stimme der Held nun
am Altar.

v. 692. Die Insel Dälos lag in dem Meere, welchem der sinkende Ikaros seinen Namen gegeben hatte.

— — Vitreo daturus
Nomina ponto.

Horaz.

Alles vertilget die lange Zeit,
Verzehret es alles mit Flammenglut;
Es ist nichts hofnungberaubt: stillte nicht
Sich der Zorn, stillte die Wut Ajas sich
nicht?

DIE VORIGEN. EIN BOTE.

DER BOTE.

Geliebte Männer, erst verkünd' ich euch:
Teukros ist von den Felsen Müsia's
Zurückgekommen; als die Krieger ihn
Im Lager sahn, empfingen sie ihn laut
Mit Schmähungen; und als er weiter ging,
Umringten sie in dichten Kreisen ihn;
Von allen Seiten scholl ihr Fluch, es war
Nicht Einer, der ihn nicht des Wütenden,
Des Griechenfeindes Bruder nannte; kaum
Entrann er ungesteinigt, und so weit
War's schon gekommen, dass in ihrer Hand
Das nackte Schwert zum Morde sich erhub;

v. 709. Müsia, eine an Troas grenzende Landschaft.

Doch endlich ward der Zwift, fo fehr er auch
Schon flammte, durch der Greife Rath geftillt.
Wo find' ich Ajas, dafs ich alles ihm
Verkünde, meinem Herren, wie fich's ziemt?

CHOR.

Er ift nicht drinnen, eben ging er weg,
Und neuen Sitten folget neuer Rath.

DER BOTE.

Ach hat zu fpät mich Teukros hergefandt?
Wie? oder eilt' ich felber nicht genug?

CHOR.

Was ift's, das deine Botfchaft fruchtlos macht?

DER BOTE.

Teukros gebeut, dafs jener nicht fein Zelt
Verlaffe, bis er felber hier erfcheint.

CHOR.

Die Götter zu verföhnen ging er weg,
Denn befs'rer Rathfchlufs kam in feinen Sinn.

DER BOTE.

Voll Thorheit find die Worte, die ihr fagt,
Wenn Kalchas Seherfpruch uns Wahrheit lehrt.

CHOR.

Was ſagt er? Wie erfuhr er was geſchah?

DER BOTE.

Ich will's euch ſagen, denn ich war dabei:
Kalchas verlieſs, von allen er allein,
Die Rathsverſammlung, unſrer Fürſten Kreis,
Und Atreus Söhne; liebevoll ergrif
Er Teukros Hand, und bat mit ernſtem Flehn,
Daſs Ajas dieſen Tag, der uns nun ſtrahlt,
Nicht aus dem Zelte weiche, daſs er dort
Ihn halten müſſe, wenn er lebend ihn
Noch fürder ſehen wolle; heute nur
Verfolg' ihn unverſöhnbar Pallas Zorn.
Denn zügelloſe Stolze, die ſich ſelbſt
Und andern eine Laſt ſind, ſtürze Gott,
Sagt Kalchas, ſtürze jeden, der, ein Menſch
Gebohren, höher ſtrebt als Menſchen ziemt.
Schon als aus ſeiner Heimat Ajas zog,
Zeigt' er ſich thöricht, als ſein Vater ihm
In weiſer Rede ſagte: Sohn, du ſtrebſt
Mit deinem Speer zu ſiegen; ſtrebe ſtets
Mit Gott zu ſiegen, Sohn! Doch jener gab

Des Trozes und der Thorheit Wort zurück:
O Vater, mit den Göttern sieget selbst
Der Mann, der nichts vermag; auch ohne sie
Erkämpf' ich mit Gewalt mir hohen Ruhm.
So frevelte sein Hochmut. Als ihn einst
Athänä reizte blutiger das Schwert
Zu heben wider seine Feinde, scholl
Die trozerfüllte Antwort: Königin,
Sei du der andern Griechen naher Schuz;
Des Krieges Wut vermag nichts wider mich!
Durch diese Rede, die nicht menschlich war,
Erweckt' er sich der Göttin harten Zorn;
Doch überlebt er heute, und ist Gott
Mit uns, so mögen wir ihn noch befrein.
So sprach der Seher. Teukros sandte mich
Schnell aus dem Kreis', um euch zu sagen, ihn
Zu hüten. Ist er weg, und Kalchas ist
Ein weiser Mann, so ist's um ihn gethan.

CHOR.

Tochter des Elends, ach unglückliche
Tekmässa, komm und höre was er sagt;
Er trift in's Herz, und raubt die Freuden uns.

DIE VORIGEN. TEKMÄSSA.

TEKMÄSSA.

Ach ich Unſelige! kaum ſchlummerte
Mein bittres Leiden, ſo erweckt ihr's ſchon.

CHOR.

O höre dieſen Mann, der Botſchaft uns
Von Ajas bringt, die uns mit Schmerz erfüllt.

TEKMÄSSA.

(an den Boten.)

Was ſagſt du? ach, ſind wir des Elends Raub?

DER BOTE.

Ich weiſs von dir nichts; doch wenn Ajas nicht
Daheim iſt, o ſo fürcht' ich viel für ihn.

TEKMÄSSA.

O weh! er iſt nicht hier! Was ſagſt du, Mann?

DER BOTE.

Teukros befiehlt, daſs ihr im innern Zelt
Ihn haltet, ihn allein nicht gehen laſst.

TEKMÄSSA.

Warum gebeut er's? Wo iſt Teukros ſelbſt?

DER BOTE.

Bald ist er hier; er glaubt, wenn Ajas sich
Entfernt, dass ihn sein Gang in's Unglück stürzt.

TEKMÄSSA.

Ach ich Unglückliche! wer sagte das?

DER BOTE.

Der Seher Kalchas sagt, dass dieser Tag
Für ihn entscheide Leben oder Tod.

TEKMÄSSA.

O weh! ihr Freunde, steht in der Gefahr
Mir bei! — Ach geht und macht, dass Teukros kommt;
Ihr eilt auf's westliche Gebirg', und ihr
Auf's östliche! späh't seinen Unglücksweg! —
Nun seh' ich, dass der Mann mich täuscht, dass er
Mir seine alte Lieb' entzogen hat.
Ach was beginn' ich, Sohn? Wir dürfen izt
Nicht rasten; auch ich eile wie ich kann.
Auf! lasst uns gehn! die Ruh' ist nun entfloh!
Kommt, rettet ihn, der in den Tod sich stürzt!

CHOR.

Wir ſind bereit! das zeigen wir dir nicht
Mit Worten, ſondern mit des Fuſses Eil.
(Alle gehen ab.)

(Ein einſamer Ort zwiſchen dem Walde und dem Meergeſtade.)

AJAS. (allein.)

Da ſteht, bereit zum Mord, mein ſcharfes Schwert;
Wen es gelüſtet, der mag's prüfend ſchaun!
Die Gabe Hektors, der vor allen mir
Der Haſſenswürdigſte im Leben war!
Da ſteht es in des Feindes Erde, friſch
Gewezt vom Steine, der das Eiſen nagt;
Ich hab' es ſelbſt geſchmückt und eingepflanzt,
Und bald, mein beſter Freund, gewährt es mir
Den ſchnellen Tod. Wohlan, ich bin bereit. —
Dich Zeus, du Erſter! fleh' ich an wie ſich's
Gebührt, ſei meine Hülfe, ſei mein Schuz!
Nicht groſse Gaben bitt' ich, Gott, von dir;
Send' einen Boten, der das Unglückswort
An Teukros ſage; daſs nur er es ſei,

Der mich, wenn ich in's blutgetränkte Schwert
Geſunken bin, zuerſt erheb', auf daſs
Von meinen Feinden keiner mich vorher
Erblick', und mich zum Raub der Vögel und
Der Hunde werfe! Dieſes fleh' ich, Zeus,
Von dir, und fleh' auch ihm, der aus der Gruft
Die Schatten führet, Hermäs, daſs er mich
Auf ſanftem Pfade bald zur Schlummerruh
Geleite, wenn dies Schwert mein Herz durchſticht!
Die Rachgöttinnen, ſie, die jede Noth
Der Menſchen ſehn und ſchnelles Fuſses nah'n,
Die graunerfüllten, ew'gen Jungfraun ruf'
Ich an zu Helferinnen, daſs ſie ſchau'n,
Wie Atreus Stamm mich in's Verderben ſtürzt,
Daſs ſie die Frevler, Allverderber, mit
Der Rache Hand ergreifen, wenn ſie mich
Im Selbſtmord ſinken ſehn! Auch jenen ſei's
Beſtimmt durch Selbſtmord, und gezwungen durch
Den Frevel ihrer liebſten Kinder, ſo
Zu ſterben! — Eilet, Rächerinnen, eilt,

Geneuſst des ganzen Heers, kennt Schonung nicht! —
Du Gott, der du auf hoher Himmelsbahn
Den Sonnenwagen führſt, wenn du mein Land
Erblickſt, ſo zeuch die goldnen Zügel an,
Und gieb von meinem Tod' und meiner Qual
Dem alten Vater Botſchaft und auch ihr,
Die mich gebahr, die Unglückſelige,
Ach, die gewiſs, wenn ſie die Sage hört,
Die ganze Stadt mit Jammerklag' erfüllt. —
Doch meine leeren Seufzer ſind umſonſt,
Und ſchnelle Eil' erfordert meine That!
O Tod, o Tod! erſchein' und ſchau mich an;
Dort unten bin ich bald dein Mitgenoſs!
Und, o du Glanz des Strahlentages, du
Des Sonnenwagens Leiter, höre mich
Zum leztenmal! nie fleh' ich dir hinfort:
O Licht! o Salamis, du heiliges,
Du Heimatsland! o väterlicher Herd
Der Götter! ruhmgekrönte Stadt Athän!
Und ihr, Genoſſen meiner Jugend, Flüſs'
Und Quellen! Und ihr Fluren Ilions!
Ach und ihr, meine Eltern, lebet wohl!

Dies ist das lezte, das euch Ajas sagt:
Den Schatten in dem Hadäs sag' ich mehr.

(Er fällt in sein Schwert.)

EINE HÄLFTE DES CHORS.

Ach Müh' auf Mühe mehrt die Last!
Wo wanderten wir nicht?
Doch Kunde ward uns nirgends; horcht,
O horcht! uns tönt ein Schall!

DIE ANDRE HÄLFTE DES CHORS.

Wir sind's, die Schiffsgefährten eurer Fahrt.

DIE ERSTEN.

Wie ist's?

DIE ANDERN.

Westlich umirrten wir das Meergestad'.

DIE ERSTEN.

Und fandet ihr?

DIE ANDERN.

Der Mühen Fülle nur; wir ſchauten nichts.

DIE ERSTEN.

Wir wanderten der Morgenſonne Bahn,
Doch keines Mannes Antliz ſahen wir.

CHOR.

ERSTE STROFE.

Wer verkündet es uns! Einer der duldenden
Fiſcher, denen der Fang Schlummer und Ruhe raubt,
Oder eine der Nümfen,
Eine Göttin der Wogenflut?

Wer verkündet es uns, welche der Irren er
Wütend wandelt? — Die Kraft ſchwindet uns Suchenden!
Ach, nun wehn auf des Kummers
Bahn uns günſtige Winde nicht!

TEKMÄSSA.

(ungeſehen.)

O wehe! wehe mir!

CHOR.

Weſs Stimm' erſchallet uns vom Walde her?

TEKMÄSSA.

Ach der Unſelige!

CHOR.

Tekmäſſa iſt's, die ſchwerterkämpfte Braut,
Die Arme, die in ihrer Qual verſinkt.

TEKMÄSSA MIT IHREM KNABEN. DAS CHOR.

TEKMÄSSA.

Ach wehe! des Verderbens Raub bin ich!

CHOR.

Was iſt dir? ſprich!

TEKMÄSSA.

Ach! Ajas in des warmen Blutes Mord
Liegt durchgeſtochen von verborg'nem Schwert!

CHOR.

ZWOTE STROFE.

Weh' uns! Ach, und der Wiederkehr!
Weh' uns, o König, du giebst den Tod
Deinen Genossen der Fahrt! Weh' uns, und dir,
Jammerndes Weib!

TEKMÄSSA.

Nun ist für uns der Tag des Angstgeschreis!

CHOR.

Durch wessen Hand hat er die That vollbracht?

TEKMÄSSA.

Er selbst durch seine Hand; das Schwert bezeugt's,
In das er sank, fest in der Erde steht's!

CHOR.

DRITTE STROFE.

O weh'! o Jammer! einsam, verlassen von
Den Freunden liegst du! blutest! und sinnlos war

Das Herz der Deinen! — Ach wo liegſt du,
Ajas, unſeliger Raub des Starrſinns?

TEKMÄSSA.

Kein Auge ſchau' ihn! Mit Gewanden will
Ich ihn umhüllen, daſs es keiner, ſelbſt
Der Freunde keiner ſehe, wie er hoch
Aufröchelt, und wie ſchwarzes Blut der Wund'
Entſtrömt, die ihm ſein eigner Wille gab.
O weh! was thu' ich? Welcher Freund ſoll ihn
Aufheben? Wo iſt Teukros? Wie erwünſcht
Würd' er uns nah'n, führt' ihn ſein Pfad zu uns,
Daſs er beſtattete des Bruders Leib.
O groſser Ajas, Unglückſeliger,
Dein Loos verdient der Feinde Thräne ſelbſt!

CHOR.

ERSTE GEGENSTROFE.

Alſo war's dein Entſchluſs, du mit dem eiſernen
Herzen! ſelber das Maas deiner unendlichen
Jammerqual dir zu füllen?
Und Weiſsager der Unglücksthat

War dein wütender Zorn uns, der in Seufzern sich
Wider Atreus Geschlecht Tages und Nachts ergoss?
Ach der Kampf um Achilleus
Rüstung war uns des Elends Quell!

TEKMÄSSA.

Ach wehe, wehe mir!

CHOR.

Wir sehn, dass edler Gram dein Herz durchdringt.

TEKMÄSSA.

Ach wehe, wehe mir!

CHOR.

Wohl magst du, Weib, mit wiederholtem Ach
Den Freund bejammern, der geraubt dir ward!

TEKMÄSSA.

So dünkt es euch, doch mehr noch fühl' ich's selbst!

CHOR.

Wir glauben dir's.

TEKMÄSSA.

Kind, unſer harret ſchon der Knechtſchaft Joch.
Ach, welche Späher lauern ſchon auf uns!

CHOR.

ZWOTE GEGENSTROFE.

Ach du ſagſt uns unſägliche
Dinge von Atreus unmenſchlichen
Söhnen in unſerer Noth! Gott, wende du
Weg die Gefahr!

TEKMÄSSA.

Die Götter wollen's, ſonſt geſchäh' es nicht!

CHOR.

Sie bürden überſchwere Laſt auf uns.

TEKMÄSSA.

Pallas, die Schreckliche, die Tochter Zeus,
Odüſſeus Freundin, ſä't uns dieſen Fluch.

CHOR.

DRITTE GEGENSTROFE.

Der Liſterſinner lacht mit verhülltem Zorn
Und bitterm Hohn der Leiden des Wütenden,
Ach, und mit ihm erfreun der Botſchaft
Sich die Atreiden, die Zwillingsfeldherrn!

TEKMÄSSA.

O laſst ſie lachen, ſeiner Qual ſich freun!
Erweckt' er lebend ihre Sehnſucht nicht,
So thut er's todt in Speergefahren einſt.
Der Thor ſchäzt eh' nicht einen Schaz, als bis
Er ihm entriſſen iſt aus ſeiner Hand!
Mich ſchmerzt ſein Tod mehr als er ſie erfreut;
Doch ihm iſt er, ihm ſelber ja erwünſcht!
Was ſpotten ſie des Helden? Hat er nicht
Sein ſelbſterwähltes Ziel ereilt, den Tod,
Den ihm die Götter ſandten, und nicht ſie?

(Tekmäſſa geht mit dem Knaben ab.)

v. 938. Der Liſterſinner, Odüſſeus.

CHOR.

Odüſſeus frevle nur mit leerem Spott!
In ihrer Macht iſt Ajas nun nicht mehr:
Er ſtarb, und hinterlieſs uns Schmerz und Gram!

TEUKROS.

(ungeſehen.)

O wehe! wehe!

CHOR.

Schweig! Teukros Stimm' erſchallt, ſo deucht es uns;
Sein Jammer klagt, wie unſre Noth es heiſcht.

DAS CHOR. TEUKROS.

TEUKROS.

Geliebter Ajas, Blut von meinem Blut,
Dich traf der Fluch, ſo wie die Sag' erſchallt.

CHOR.

O wiſſe, Teukros, Ajas iſt dahin!

TEUKROS.

Ach weh! wie schwer ist meines Schicksals Last!

CHOR.

So ist's!

TEUKROS.

O weh'! ich Unglückseliger!

CHOR.

Wohl magst du jammern!

TEUKROS.

Qual häuft sich auf Qual!

CHOR.

Ach, Teukros, allzuviel!

TEUKROS.

Doch sagt, wo ist
Sein Sohn? Ist er noch hier vor Ilion?

CHOR.

Einsam bei unsern Zelten.

TEUKROS.

Säumt ihr noch?
O dass ihn, wie den mutterlosen Sohn

Der Löwin, keiner raube! eilet, ſtrebt!
Denn jeder ſpottet der Geſtorb'nen gern.

CHOR.

Als er noch lebte, hat er dir ſein Kind
Der Sorg' empfohlen, die du für ihn zeigſt.

TEUKROS.

(er ſieht den bedeckten Leichnam.)

O graunerfüllter Anblick, traurigſter
Von allen, die mein Auge jemals ſah,
Und aller Wege, die ich jemals ging,
Du meinem Herzen der verhaſsteſte!
Als ich, Geliebteſter, dein Schickſalsloos
Vernahm, und ſpähend folgte deiner Spur,
Scholl ſchrecklich, und als hätte ſie ein Gott
Dem Heer verkündet, laut die Sag' umher
Von deinem Tode; ferne war ich zwar,
Doch, ich Unſeliger, ich hörte ſie.
Da ſeufzt' ich! Ach, verloren bin ich nun,
O wehe mir! — — — —
Enthüllt ihn, daſs mein ganzer Jammer mir
Erſcheine! Ach du Blick des Grauns, und du
Verweg'ne That! O welche Leiden haſt

Du auf mich ausgesä't, da du den Tod
Dir, Bruder, gabst! Wohin soll ich entfliehn,
Ich, der ich in der Noth kein Schuz dir war?
Und wird mich unser Vater Telamon
Mit heiterm Blick und ofnen Armen wol
Empfangen, komm' ich ohne dich? Ach er,
Der selbst im Glück kein süsses Lächeln kennt!
Und welchen bittern Vorwurf wird er mir
Verschweigen, dass ich dich, ich Sohn der Magd,
Aus Furcht und Feigheit, o Geliebtester,
Verrathen habe, ach aus Frevellist,
Dass ich der Erbe seiner Schäze sei?
So wird der mürrische, der strenge Greis
Im Zorne mit mir hadern, den zur Glut
Der kleinsten Ursach Funken oft entflammt.
Zulezt verstösst er aus dem Vaterland'
In's Elend mich, wo mein die Knechtschaft harrt!
Das ist mein Schicksal dort; und hier sind auch
Der Freunde wenige, der Feinde viel.
Das alles hat dein Tod mir auferlegt.
Ach was beginn' ich? wie entreiss' ich dir
Den schnellen, scharfen Stahl, durch den du selbst

Den Tod dir gabst? — So täuschtest du dich nicht,
Der todte Hektor sei dein Mörder einst!
O, bei den Göttern! blicket auf das Loos
Der beiden Männer: mit dem Wehrgehenk,
Das Hektorn Ajas gab, ward jener an
Den rossbespannten Wagen fest geschnürt,
Und bis zum lezten Hauch umhergeschleift;
Und dieser hat durch Hektors Gabe nun
Mit seinem Todessturze sich vertilgt.
Erinnüs hat geschmiedet dieses Schwert,
Und Pluton ist des Gürtels Meister selbst!
Dass dies und alles die Unsterblichen
Den Menschen senden, dess bin ich gewiss.
Wem dieser Glaube nicht gefällt, der sei
Dem seinen hold, wie ich dem meinen bin.

CHOR.

Nun rede mehr nicht, sondern sinne nach,
Wie du den Mann begräbst, und was du dem

v. 1015. Homer lässt Achilleus diesen Frevel nicht an dem lebenden, sondern an dem todten Hektor begehen.

Erwiederſt, der uns nah't: es iſt ein Feind,
Ein böſer Mann, der unſrer Leiden lacht.

TEUKROS.

Wer iſt der Kriegsmann, den ihr kommen ſeht?

CHOR.

Die Urſach' unſers Zuges, Menelas.

TEUKROS.

Ich ſeh' es; ſchon erkennet man ihn leicht.

DIE VORIGEN. MENELAOS.

MENELAOS.

Du dort, ich ſage dir, beſtatte nicht
Den Leichnam, laſs ihn liegen wie er liegt!

TEUKROS.

Warum gebeutſt du ſolch ein hart Gebot?

MENELAOS.

Ich und des Heeres Feldherr woll'n es ſo.

TEUKROS.

Doch ſagſt du nicht die Urſach des Befehls?

MENELAOS.

Weil er, von dem wir hoften, daſs er Freund
Und Streitgenoſſe unſrer Griechen ſei,
Mehr unſer Feind als ſelber Troja war,
Er, der dem ganzen Heer den Mord erſann,
Und mit dem Schwert' es anfiel in der Nacht,
Daſs wir, wenn nicht ein Gott des Frevlers Hand
Gehalten hätte, nun im ſchändlichſten
Der Tode lägen, hingeſtreckt wie er.
So wär' izt Er der Lebende; doch Gott
Beſchloſs es anders, wandte ſeine Wut
Nur wider unſre Herden auf der Triſt.
Drum iſt kein Mann ſo mächtig in dem Heer,
Daſs er zur Gruft beſtatte ſeinen Leib,
Der, weggeworfen auf den gelben Sand,
Ein Raub der Vögel des Geſtades ſei.
Dein Zorn entflamme nicht! Wir bändigten
Ihn nicht im Leben, doch im Tode ſind
Wir ſeine Herrſcher, heben wider ihn
Die Hand empor; umſonſt beſchüzeſt du

Ihn, der ein Spötter unſrer Worte war.
Ein böſer Mann nur glaubt, Gehorſam für
Die Herrſchenden ſei nicht des Bürgers Pflicht.
Traun, kraftlos ſchwanket immer das Geſez,
Wenn nicht die Furcht zur feſten Stüz' ihm wird;
Dem Wink des Feldherrn folget nicht das Heer,
Hemmt nicht den Ungehorſam Scheu und Schaam.
Ein groſser Mann bedenk', es ſei vielleicht
Ein kleines Unglück ihm zum Fall beſtimmt.
Wer Scheu und edle Schaam in ſich bewahrt,
Der hat in ſich Errettung aus der Noth.
Die Stadt, die ſtolz und frevelnd thut was ſie
Gelüſtet, wird, ſo ſehr ihr Segel auch
Im Winde ſchwillt, doch bald zu Grunde gehn.
Zu rechter Stunde ſei die Furcht nicht fern!
Laſst uns nicht glauben, weil wir das, was uns
Gelüſtet, thaten, daſs nun unſer nicht
Vergeltung harre, die uns ſchmerzlich iſt.
Das iſt der Dinge Wechſel! — Jener war
Entflammt und trozend einſt, und nun erhebt

Mein Mut ſich hoch, und ich gebiete dir,
Du ſollſt ihn nicht begraben: wenn du ihn
Begräbſt, ſo ſinkſt du ſelber in ein Grab

CHOR.

Laſs deine weiſen Worte, Menelas,
Nur nicht Beleidigung der Todten ſein!

TEUKROS.

Nie, Männer, will ich ſtaunen, wenn ein Mann
Von niederm Samen ſolchen Fehl begeht,
Wenn ſelber, der der edelſte des Volks
Sich dünkt, in ſeinen Reden alſo irrt.
Beginn', und ſag' es wieder: Haſt du ihn
Als Streitgenoſs gen Ilion geführt?
War nicht der Schiffzug ſeine eigne Wahl?
Wo wurdeſt du ſein Feldherr? Wie darfſt du
Dem Heer gebieten, deſſen Fürſt er war?
In Sparta herrſcheſt du, nicht über uns;
Und mehr des Rechts gebieret über ihn
Nicht dir, als ihm gebührte über dich.
Du ſelbſt biſt andern unterthan, und biſt
Kein Oberfeldherr; ſeiner warſt du nicht.

Beherrſche du die Deinen, ſtrafe ſie
Mit ſtrengem Wort; doch du verwehrſt nicht mir,
Nicht du, und nicht der andre Feldherr, ihn
In's Grab zu legen, wie die Pflicht es heiſcht,
Durch deines Mundes Drohung ungeſchreckt.
Nicht als ein vielbeſchwerter Miethling zog
Er in den Krieg für deine Helena:
Ihn trieb ſein Eid, er kam für dich nicht her;
Denn Ajas ſchäzte ſchwache Männer nicht.
Geh du, und komm mit einer Heroldsſchaar
Umringt, und mit dem Feldherrn ſelbſt zurück.
Du ſeiſt auch wer du ſeiſt, dein prahlendes
Getöſe treibt mich nicht von meiner Bahn.

MENELAOS.

Im Unglück lieb' ich ſolche Sprache nicht.

TEUKROS.

Ein ſtrenger Vorwurf beiſst, ſo wahr er iſt.

v. 1101. Tündaros, wegen der groſsen Schönheit ſeiner Tochter Helena und der Menge ihrer Freier fürchtend, lieſs ſie alle einen Eid ſchwören, gemeinſchaftlich demjenigen beizuſtehen, den ſie ihm zum Eidam geben würde.

MENELAOS.

Der Bogenschüze scheint nicht wenig stolz.

TEUKROS.

Ich lernte nicht als Handwerk diese Kunst.

MENELAOS.

Trügst du den Schild, du blähtest dich noch mehr.

TEUKROS.

Ich troze deiner Rüstung unbeschirmt.

MENELAOS.

Auf deiner Zunge schwebt ein hoher Geist.

TEUKROS.

Wer Recht hat, dem ist auch der Mut vergönnt.

MENELAOS.

Ist's, dass geehrt sei der mich tödtet, Recht?

v. 1109. Teukros war der berühmteste Bogenschüze im Griechenheer. Diese Art aus der Ferne zu streiten war, wie billig, weniger geehrt als das Gefecht mit Schwert und Lanze.

v. 1112. Die Bogenschüzen waren ungepanzert und ohne Schild.

TEUKROS.

O welch ein Wunder! biſt du todt und lebſt?

MENELAOS.

Ein Gott befreite mich von Ajas Wut.

TEUKROS.

Entehre deinen Schuz, die Götter, nicht!

MENELAOS.

Hab' ich ein göttliches Gebot verlezt?

TEUKROS.

Ja, wenn du Todten ihre Gruft verbeutſt.

MENELAOS.

Nur meinen Feinden, wie es ſich geziemt.

TEUKROS.

Stand Ajas je im Kampfe wider dich?

MENELAOS.

Ihn haſs' ich, der mich haſste, wie du weiſst.

TEUKROS.

Der falſche Spruch war deines Truges Werk.

v. 1124. Die Stimmen der Richter waren zwiſchen Ajas und Oduſſeus gleich getheilt; Menelaos gab

MENELAOS.

Das war der Richter Schuld, und meine nicht.

TEUKROS.

So kannſt du vielen Frevel heimlich thun.

MENELAOS.

Ich weiſs wen dieſe Rede ſchmerzen wird!

TEUKROS.

Den Droher ſelbſt am meiſten, wie es ſcheint.

MENELAOS.

Eins ſag' ich dir: er bleibet ohne Grab!

TEUKROS.

Eins höre du: er bleibt nicht ohne Grab!

MENELAOS.

Ich ſah' einſt einen Mann, in Worten kühn,
Der ſeine Schiffer, da der Sturm erſcholl,
Das Schiff zu löſen zwang; doch als die Wut
Des Sturms ihn haſchte, war er ſprachlos, lag

die ſeinige, die dadurch entſcheidend ward, an Odüſſeus.

Gehüllt in ſeinen Mantel, lieſs auf ſich
Geduldig ſtampſen jedes Schiffers Fuſs.
So wird auch dich und deinen frechen Mund
Und ſein Geſchwäz der groſse Sturmwind bald
Bezähmen, der aus kleiner Wolke droht.

TEUKROS.

Auch ich ſah' einen thorheitsvollen Mann,
Der wider ſeine Nächſten frevelte,
Wenn ſie das Unglück drückte; jemand der
Mir ähnlich war, und heftig, ſo wie ich,
Warf einen Blick auf ihn, und ſagte ſo:
O Menſch, beleidige die Todten nicht!
Thuſt du's, ſo wiſſe, Rache harret dein.
So ſprach er warnend zu dem Thoren — den
Ich vor mir ſehe; denn mich deucht, es iſt
Kein andrer als du ſelbſt. Verſtehſt du mich?

MENELAOS.

Ich gehe, Schmach wär's, hörte man, daſs der,
Dem die Gewalt gebührt, mit Worten ſchilt.

TEUKROS.

Noch gröſs're Schmach iſt's nur das alberne
Geſchwäz der Thoren anzuhören. Geh!

(Menelaos geht ab.)

CHOR.

Es erhebt ſich des mächtigen Zwiſtes Gefecht.
Bereite du ſchnell, o Teukros, wie du vermagſt,
Jenem die hohle Gruft, in welcher ihn
Bewahre das nie zu vergeſſende, dumpfe Grab.

DIE VORIGEN. TEKMÄSSA MIT DEM KNABEN.

TEUKROS.

In wohlgewählter Stunde kommen dort
Des Mannes Bettgenoſſin und ſein Sohn
Zu ſeines armen Leichnams Grabesdienſt.
O Knabe, tritt herzu mit flehender
Geſtalt, berühre deines Vaters Leib,
Der einſt dich zeugte! Seze neben ihn
Demütig dich, in deine Hände nimm
Mein abgeſchnitt'nes Haar, und ihr's, und dein's,
Der Schaz der Flehenden! Und will des Heers
Dich einer mit Gewalt vom Leichnam ziehn,
Der ſterb' im Bann', und liege grablos ſelbſt!

Sein ganzer Stamm ſei von der Wurzel ſo
Wie dies geſchnitt'ne Haupthaar abgemäht!
Halt' es in deiner Hand, mein Sohn, und ſei
Bewahrer unſrer Leiche; ſchmiege dich
Noch feſter, und dich treibe niemand weg.
Auch ihr, Gefährten, ſteht nicht müſsig hier,
Wie Weiber; ſchüzet ihn, wie's Männern ziemt.
Ich geh' indeſſen und bereit' ein Grab
Dem Todten, wenn's auch jeder mir verwehrt.

(Teukros geht ab.)

CHOR.

ERSTE STROFE.

Ach wenn erſcheint uns unſrer Irrſalsjahre
Jüngſtgebohrenes einſt, die uns des Krieges
Greuel raſtlos ſandten an Hellas Schmach, an
Troja's ſcheuslicher Veſte?

ERSTE GEGENSTROFE.

O daſs in Luft verweht, verſenkt in Hadäs
Rachen wäre der Mann, der uns der Schwerter
Brauch erfand, eh' er des Verderbens Samen
Allen Sterblichen ſäte!

ZWOTE STROFE.

Er iſt's, der uns die Luſt blühender Kränze raubt,
Sanfter Flöten Getön', und den erfreuenden
Becher, weh' ihm! und der uns aus der Ruhe der
Süſsen, nächtlichen Liebe reiſst!

Ach, verſcheuchet von ihm iſt uns die Lieb' entflohn!
Schmach und Kummer iſt nun unſer! Es trieſet von
Himmelsthau uns das Haar, ewig ein ſchmerzendes
Denkmaal Ilions, Ilions!

ZWOTE GEGENSTROFE.

Einſt war Ajas ein Schirm wider der Feinde Wut
Und die nächtliche Furcht! Nun iſt dem Tod' auch er
Übergeben! O wo lächelt die Freude nun?
Wo iſt Troſt für uns Jammernde?

Ach daſs wir, wo ſich hoch Suniums Scheitel
hebt,
Wo die Woge den Fuſs waldiger Hügel nezt,
Wären! daſs wir von dort Segensbegrüſsungen
Senden könnten der Pallasſtadt!

TEUKROS. AGAMEMNON. DAS CHOR.

(Tekmäſſa und Eurüſakäs ſizen in einiger Entfernung bei der Leiche.)

TEUKROS.

Ich eilte, denn ich ſahe, daſs mit Wut
Der Feldherr Agamemnon zu uns dringt;
Gewiſs nun löſ't er ſeinen Frevelmund.

AGAMEMNON.

Sie ſagen, du erkühnſt dich ungeſtraft
Verweg'ne Reden auszuſchütten, uns
Zur Läſterung, du Sohn der niedern Magd!

v. 1198. Sunium, ein Vorgebirge in Attika.

v. 1201. Die Pallasſtadt, Athän.

O wär'st du eines edlen Weibes Kind,
Wie laut erschölle deine Prahlerei;
Wie würdest du auf Zehenspizen hoch
Einhergehn, da du, selber Nichts, für den
Der Nichts ist, uns verwegen widerstrebst,
Und schwörst, wir wären nicht des Griechenheers,
Nicht des Geschwaders Führer, deine nicht,
Und Ajas sei als eigner Herrscher her
Gesegelt! Wer vermag von Knechten das
Zu hören? und wer war der Mann, für den
Du dich so blähst? wo drang er ein, wo stand
Er still, wo ich nicht war? und haben sonst
Die Griechen keine Männer? Warlich voll
Des Unglücks war der Kampf, den wir dem Heer
Bestimmten um Achilleus Rüstung, wenn
Seitdem uns Teukros böse Frevler schilt,
Und wenn nicht der Besiegte sich bequemt
Zu hören, was der Menge Richtspruch sagt.
Doch stets verfolgt ihr lästernd uns, und zuckt
Mit List den Stachel, weil ihr unterlagt.

Wenn das der Brauch ist, dafs wir, wer durch Recht
Gesiegt hat, den verstofsen, und den Plaz
Des Gröfsern dem verleihn, der kleiner ist,
So lieget die Gerechtigkeit gestürzt.
Das mufs gehemmt sein! Nicht die hohe Brust
Und breite Schulter bürgt für Sicherheit;
Die Klugheit ist es, die den Sieg erhält.
Der grofse, starke Stier geht seine Bahn,
Von einer schwachen Geifsel fortgelenkt:
Dies Zaubermittel harrt, schon seh' ich es,
Auch dein, wenn du dich plözlich nicht besinnst,
Der du auf einen Todten trozest, schon
Ein Schatten! und nicht hemmst der Zunge Lauf.
Zähmst du dich nicht, schaust nicht auf dein Geschlecht?
Send' uns statt deiner einen freien Mann,
Der das uns offenbare, was du willst;
Denn was du redest, kann ich nicht verstehn,
Des Fremdlings Sprache hab' ich nie gelernt.

CHOR.

O dafs ihr beide weiſes Sinnes wär't!
Wir haben keinen beſſern Wunſch für euch.

TEUKROS.

Wie ſchnell verfliegt bei Sterblichen der Dank,
Den ſie den Todten ſchuldig ſind! wie ſchnell
Wird er Verrath! wenn ſelbſt, o Ajas, dein
Mit keiner Sorge dieſer Mann gedenkt,
Für den dein Leben mühſam ſich ſo oft
Dem Speer entgegen bot; doch alles, was
Er that, iſt weggeworfen und verſtäubt.
Du, der ſo thöricht ſpricht, haſt du es ſchon
Vergeſſen, wie euch dieſer Mann, als ihr
Verſchloſſen im Gehege wart, und nah
Dem Untergange, nach verlohrner Schlacht,
Nur Er allein befreite, da die Glut
Schon auf den Ruderbänken wütete,
Da Hektor, ſchon im Lager, ungeſtüm
Sich auf die Schiffe ſchwang? Wer hat euch da
Von der Gefahr gerettet? War's nicht Er,

v. 1255. folg. Siehe das Ende des funfzehnten Geſanges der Ilias.

Von dem du ſagſt, er habe jeden Kampf
Geflohn? Als er, vom Schickſal, nicht von euch,
Geſandt, im Zweikampf wider Hektor ſtritt,
Da wählt' er ſich kein feiges Täuſchungsloos,
Nicht einen Klos der weichen Erde, nahm
Was ſchnell dem buſchumwehten Helm entſprang:
Er that es, und zur Seite ſtand ich ihm,
Ich Knecht, gebohren von der Fremdlingsmagd.
Was ſagſt du, was erkühnſt du, Frevler, dich?
Weiſst du, wer deines Vaters Vater war?
Pelops aus Frügia, kein Griechenſohn!
Und zeugte Atreus, der Verruchteſte,
Dich nicht, der ſeines Hauſes Kinder ſelbſt
Zum Gaſtmahl ſeinem Bruder ſchlachtete?
Aus Kräta war das Weib, das dich gebahr;
Die warf dein Vater, mit dem Buhlen ſie

v. 1268. Eine Täuſchung, der ſich der Häraklide Kresfontäs ſchuldig machte, als er mit ſeinen Brüdern um das Köngreich Meſſänä loſete. Er bezeichnete für ſich eine Scherbe, für ſie Thonklöſe: die Looſe wurden in einen Eimer mit Waſſer geworfen; dieſe ſchmolzen, und das ſeine ward gezogen.

Im Ehebruch' ergreifend, in das Meer,
Der stummen Fische Raub. Das ist dein Stamm;
Und meinen schmähst du, da doch Telamon
Mich zeugte, der zum auserles'nen Preis
Des Kriegsruhms von Härakläs in sein Bett
Die Königstochter des Laomedon
Zur Gab' empfing. Sollt' ich aus solchem Stamm
Der Edlen, edel selbst, entsprosst, mein Blut
Entehren, meinen Bruder, der im Staub'
Und ohne Grab, Schaamloser! vor dir liegt?
Doch wisse, wirfst du ihn hinaus, bei uns
Musst du beginnen, bei uns dreien, die
Wir ihn umfassen. Rühmlicher ist uns
Im Kampf für ihn als für ein Eheweib

v. 1280. Atreus ergrif seine Gemahlin Aeropä im Ehebruch mit seinem Bruder Thüestäs. Er bereitete diesem ein Gastmahl von den Kindern der schändlichen Buhlschaft, und die Schuldige ward von ihm, oder, wie andere sagen, von ihrem Vater, in's Meer geworfen. — Der Seitenblick auf ihr Geburtsland war nicht absichtslos. Die Kräter standen nicht in dem besten Rufe, der sich von der ältesten Zeit bis zu den Tagen des Apostels Paulus erhalten hat. Epist. an Titus 1. v. 12.

Zu ſterben, deines Bruders oder dein's.
Drum ſchaue nur auf dich, und nicht auf mich.
Vergreifſt du dich an mir, ſo ſollſt du bald
Bereuen, daſs du kühn, nicht feige warſt!

DIE VORIGEN. ODÜSSEUS.

CHOR.

Zu guter Stund', Odüſſeus, kommſt du her,
Wenn du ſie ſtillen und nicht reizen willſt.

ODÜSSEUS.

Was iſt's, o Männer? Bei des Helden Leib
Hört' ich von fern her der Atreiden Schall.

AGAMEMNON.

Mit vielen Läſterreden hat, o Fürſt
Odüſſeus, dieſer Teukros uns geſchmäht.

ODÜSSEUS.

Mit welchen? Ich verzeih' es, wenn ein Mann
Mit böſen Worten böſe Worte lohnt.

AGAMEMNON.

Wie ſeine That verdiente, ſchalt ich ihn.

ODÜSSEUS.

Durch welche That verdient' er deinen Zorn?

AGAMEMNON.

Er ſprach, er laſſe gruſtlos dieſen Leib
Nicht liegen, er begrab' ihn mit Gewalt.

ODÜSSEUS.

Darf ich als Freund die Wahrheit dir geſtehn,
Und liebſt du mich darum nicht weniger?

AGAMEMNON.

O rede du, ſonſt müſst' ich thöricht ſein,
Denn keiner iſt im Heer wie du mir werth.

ODÜSSEUS.

So höre! bei den Göttern! laſs du nicht
Erbarmungslos den Todten ohne Grab!
Bezähme deinen Zorn, und tritt das Recht
Nicht unter deine Ferſ' aus Haſs für ihn!
Im Heere war er einſt mein gröſster Feind,
Als ich Achilleus Rüſtung mir erſtritt;

Doch ehr' ich ihn, und Unrecht würd' ich thun,
Verſchwieg' ich, daſs von allen, die wir her
Gen Troja zogen, er der gröſste war;
Achilleus nur allein war gröſser noch.
Drum raub' ihm nicht den Ruhm, der ihm gebührt!
Nicht ihn, die göttlichen Geſeze ſind's,
Die du verlezeſt: einem edlen Mann
Im Tode noch zu ſchaden, war er auch
Im Leben unſer Feind, iſt Frevelthat.

AGAMEMNON.

Kämpfſt du für ihn, Odüſſeus, wider mich?

ODÜSSEUS.

So lang' es mir erlaubt war, haſst' ich ihn.

AGAMEMNON.

Befreit ihn denn der Tod von deinem Hohn?

ODÜSSEUS.

Erfreu dich keines ſchändlichen Gewinns.

AGAMEMNON.

Nicht leicht iſt einem König, fromm zu ſein!

ODÜSSEUS.

Doch weiſen Rath zu ehren iſt nicht ſchwer.

AGAMEMNON.

Ein guter Mann gehorcht den Herrſchenden.

ODÜSSEUS.

Der, den ſein Freund beſiegt, iſt Sieger ſelbſt.

AGAMEMNON.

Bedenke welchem Mann du Lieb' erzeigſt!

ODÜSSEUS.

Er war mein Feind, doch war's ein edler Mann.

AGAMEMNON.

Was, du verehrſt noch einen todten Feind?

ODÜSSEUS.

Bei mir vermag die Tugend mehr als Haſs.

AGAMEMNON.

Wer ſo geſinnt iſt, tappet blind umher.

ODÜSSEUS.

Oft wird zum Freunde, der ein Feind einſt war.

AGAMEMNON.

Und rühmſt du den, der ſolche Freund' erwirbt?

ODÜSSEUS.

Noch minder rühm' ich ein verſtocktes Herz.

AGAMEMNON.

Du ſtellſt uns heut' als feige Männer dar.

ODÜSSEUS.

Zeigt' ich euch als Gerechte doch dem Heer!

AGAMEMNON.

Soll ich denn leiden, daſs man ihn begräbt?

ODÜSSEUS.

Ja warlich, ſelber komm' ich dahin einſt!

AGAMEMNON.

So ſtrebt ein jeder für das Seine nur!

ODÜSSEUS.

Was geht mich näher, als was mein iſt, an?

AGAMEMNON.

So heiſs' es deine That, und meine nicht.

ODÜSSEUS.

Laſs es geſchehn, ſo preiſ't dich alles Volk.

AGAMEMNON.

Odüſſeus, wiſſe du, ich bin bereit
Dir einen gröſsern Liebesdienſt zu thun:
Indeſs ſei jener wo er ſei, er bleibt
Mein Feind; doch thue du was recht dir dünkt

CHOR.

Wer nicht bekennt, daſs dich ein weiſer Geiſt
Belebe, der, Odüſſeus, iſt ein Thor!

ODÜSSEUS.

Und nun, o Teukros, ſag' ich dir, ſo ſehr
Ich einſt ſein Feind war, bin ich izt ſein Freund.
Mit dir begrab' ich nun den Todten, theile
Mit dir die Arbeit, und verſäumt bleibt nichts
Von allem, was den Edelſten gebührt.

TEUKROS.

Odüſſeus, Beſter, dankend preiſ' ich dich;
Was keine Hofnung ahndete, thuſt du:
Du warſt von allen einſt ſein ärgſter Feind,
Nun hilfſt du uns allein, und ſchüzeſt den,

Der todt iſt, vor des Lebenden Gewalt;
Denn beide Feldherrn überfielen uns
Mit Wut des Unſinns, und begehrten ihn
Zur Schmach hinaus zu werfen ohne Grab.
Drum wolle Zeus, der Herrſcher des Olümp's,
Die Göttin Dikä, die Allwalterin
Des Richtſtuhls, und Erinnüs, welcher nie
Aus dem Gedächtniſs eine That entweicht,
Die wollen dieſen Frevlern, was ſie ihm
Beſchloſſen, rächend ihnen ſelber thun!
Odüſſeus, du des grauen Königs Sohn,
Ich fürchte, daſs du nicht des Todten Leib
Berühren darfſt, es möcht' ihm unlieb ſein.
Sonſt ſei mein Helſer, und willkommen ſoll
Mir ſein, wen du vom Heere ſenden willſt.
Ich ſorge ſelbſt für alles; du haſt dich
Für uns als einen edlen Mann gezeigt.

ODÜSSEUS.

Ich war bereit zu helfen; willſt du's nicht,
So geh' ich weg, und lobe was du ſagſt.

v. 1373. Dikä, die Göttin des Richterſpruchs.

TEUKROS.

Genug nun! Es iſt dahin ſchon viele Zeit;
Kommt und bereitet mit ſchnellen Händen die Gruft,
Und ihr, fezet den hohen Dreifuſs in die Glut
Zu dem heiligen Bad', und es geh' in das Zelt
Eine der Männerſchaaren, und trage den Schmuck
Der ſchildbedeckten Rüſtung uns her.
Du, o Sohn, berühre mit Liebe des Vaters Leib,
Und ſo viel du vermagſt, erheb' ihn mit mir.
Noch athmet aus den warmen Adern das Blut empor.
Wer von euch ſich rühmet ein Freund zu ſein,
Der komme, der eile zu uns,
Der theile die Arbeit für den edlen Mann,
Für Ajas, den beſten aller Sterblichen,
Denn ich ſag' euch, ſo lang' er lebte, war er das!

CHOR.

Von dem, was ihr Aug' erreicht, wiſſen viel
Die Sterblichen, doch eh' er ſchauet, vermag
Kein Seher zu wiſſen was die Zukunft bringt.

FILOKTÄTÄS.

AN

TOBIAS MUMSSEN.

PROLOG

DES ÜBERSEZERS.

Wie gegen Öta's Eiche schwankes Rohr,
Wie gegen Öta's Adler flatterndes
Gevögel, so selbst Helden gegen dich,
Härakläs! Lebend und getrost bestieg
Den Scheiterhaufen Er; ihn zündete
Laut weinend Filoktätäs, doch gestärkt

Von Seelentrost; er sah durch Dampf und Glut
Des Allbezwingers Antliz, sah's erhellt
Von schönerer Freud', als säh' er ihn bekränzt
Mit Blumen, eines Jubelfestes Gast.

Die Flammen siegten: doch, ein Fönix, hub
Gen Himmel sich Härakläs, wo ihm Ruh'
Und seiner Arbeit Lohn an Häbä's Brust,
Dem Edlen in der Schönen Armen ward.

Mit seiner Freundschaft Erbtheil, dem Geschoss
Des sichern Todes, schiffte Filoktät
In Hellas Heer, vereint zu Troja's Sturz.
Die Stürme hemmten ihre Fahrt; er stieg
An Chriüsa's Ufer, seinem Freund' ein Maal
Zu weihen. — Schnelle Lieb' ergrif für ihn

Des Eilands Nümfe, schaamlos lockte sie
Den Helden in die Halle; doch er sah
Zu seinen Freund, sah eingedenk empor
Der grossen Wahl am Scheideweg', als dort
Mit Küpris Gürtel und mit Küpris Blick
Die Wolust reizte, hier in Sittsamkeit
Gehüllt die Tugend winkte — nicht umsonst!
Du bist mir Schwester, Tugend, bist mir Braut!
Rief laut Häraklës mit der Wonnethrän'
Im Auge, sich von jener zürnend weg
Zu dieser wendend, die die Palm' ihm gab —
So Pöas Sohn: taub der Sirene stand
Er am Altar. Verschmähte Lieb' ist Wut:
Sie rächte sich, gebot, und aus der Kluft
Schiesst eine Schlange, schlingt sich um das Bein
Des Opf'rers, flösset ihm das Gift der Qual
In ihres Bisses Wunde. Tag und Nacht

Und Nacht und Tag erscholl das Wehgeschrei
Des Jammernden, entweihte Götterdienst
Und Flehgebet des Heers, auch drang umher
Der Pestgeruch der Beule. Sturmwind hielt
In Lämnos das Geschwader. Immer wuchs
Des Helden Qual. Schon schüttelten das Haupt
Der Führer manche. Endlich gaukelten
In mildem West die Wimpel. Pöas Sohn,
In Schmerz erstarrt, lag sinnlos — Plözlich schwolln
Die Segel, pflügte jedes Schiffes Kiel
Das Wogenmeer — Wie war dir, Filoktät,
Als du erwachtest, einsam, hülflos dich
Am wüsten Strande fühltest? — Monde, Jahre
Verschlichen langsam dort dem Leidenden.
Der Götter Auge schloss für ihn sich nicht;
Doch spät erst kam die Hülf', und selbst auch sie

Im Bilde gröſs'res Jammers; doch es krönt
Der Ruhm den edlen Dulder: ſein Geſchoſs
Tilgt Ilion, denn Götterſegen ruht
Auf ihm, und mehr vermag ein leichter Pfeil
Mit ihnen, als der Müriaden Schwert. —

Handelnde Perſonen.

FILOKTÄTÄS.

ODÜSSEUS.

NEOPTOLEMOS.

EIN SHIFFSMANN.

DAS CHOR, beſtehend aus den Gefährten des Neoptolemos.

HÄRAKLÄS.

Der Schauplaz iſt ein wüſtes Geſtade der Inſel Lämnos.

ODÜSSEUS. NEOPTOLEMOS.
CHOR.

ODÜSSEUS.

Dies iſt der meerumfloſsnen Lämnos Strand,
Wo keine Menſchen wohnen, den kein Fuſs
Betritt; hier hab' ich, du, des tapferſten
Der Griechen Spröſsling, Sohn Achilleus, einſt
Pöas Erzeugten, ſo geboten mir
Die Herrſcher unſers Heeres, ausgeſezt,
Weil ihm den Fuſs mit nagendem Geſchwär
Die Krankheit quälte, daſs wir ruhig nicht
Vermochten uns dem Opferherd zu nah'n,
Noch heil'gen Trank zu träufeln, denn es ſcholl
Das ganze Lager vom entweihenden
Getön der Seufzer und des Schmerzgeſchreis.

v. 5. Filoktätäs.

Was wiederhol' ich dir's? Der Augenblick
Ist köstlich und verbeut ein lang Geschwäz,
Dass er mich nicht erforsch', und alle List
Vereitelt sei, die ihn zu fahen hoft.
Nun sei es deine Pflicht mir beizustehn,
Die Halle zu erspähen, wo der Fels
In Zwillingsmündungen des Winters ihm
Zween sonnerwärmte Size beut, und wo
In säuselnden Gewölben ihm der Wind
Den Schlummer sendet, wenn der Sommer glüht.
Nicht fern zur Linken schaust du, wenn er nicht
Versiegt ist, einen lautern Quell zum Trunk.
Nah' schweigend, und verkünde mir, ob er
Noch diesen oder einen andern Ort
Bewohne. Was du noch nicht weisst, will ich
Dich lehren; Ein Geschäft soll beiden sein.

NEOPTOLEMOS.

König Odüsseus, was du foderst ist
Nicht schwer; mich deucht ich seh' die Höhle
schon.

ODÜSSEUS.

Hoch oder tief? Mir ist's entfallen; sprich.

NEOPTOLEMOS.

Dort oben, keine Stapfen leiten hin.

ODÜSSEUS.

Schau', ob der Schlaf den Liegenden erquickt.

NEOPTOLEMOS.

(der zu dem Eingang der Höhle geht.)

Ich ſeh' die Wohnung öd' und menſchenleer.

ODÜSSEUS.

Auch ohne Nahrung, ohne Hausgeſchirr?

NEOPTOLEMOS.

Laub iſt geſtreut, als ruhte jemand da.

ODÜSSEUS.

Sonſt wüſte, wie ein unbewohnter Ort?

NEOPTOLEMOS.

Ein Becher ganz von Holz und ungeſchnizt
Vom Künſtler, und zum Feuer trockner Kien.

ODÜSSEUS.

Sind das die Schäze alle, die du ſiehſt?

NEOPTOLEMOS.

O weh! zum Trocknen ſeh' ich aufgehängt
Die bluterfüllten Leinen ſeiner Wunde!

ODÜSSEUS.

Hier iſt es, dieſen Ort bewohnt der Mann,
Und ſelbſt iſt er nicht fern; wie könnt' er's mit
Dem Fuſs, an dem die alte Drüſ' ihn ſchmerzt?
Er kehrt vielleicht mit wenig Nahrung heim,
Vielleicht mit Lindrungskräutern, die er kennt.
Laſs ihn, der dich begleitet, gehn und ſpähn,
Daſs ſein verborg'ner Überfall mich nicht
Erhaſche, denn er würde mehr ſich freun,
Mich, als das ganze Griechenheer zu fahn.

NEOPTOLEMOS.

(er hat einen Begleiter geſendet.)

Er iſt gegangen, und bewacht den Pfad.
Bedarf ich deiner Worte noch, ſo ſprich.

ODÜSSEUS.

Achilleus Sohn, das Werk, für das du kamſt,
Begehrt des Armes Stärke nicht allein:
Vernimmſt du Dinge neu und ungehört,
So ſteh' als unſer Helſender uns bei.

NEOPTOLEMOS.

Was foderst du?

ODÜSSEUS.

Dass deiner Worte List
Ihn täusche. Fragt er, wer du seist, woher
Du kommst, so sag', und sage wahr: du seist
Achilleus Sohn, und schiffest heim, entbrannt
Im Zorne wider unser Heer, das du
Verlassest, weil es dich durch langes Flehn,
Dich, seine lezte Hofnung Ilion
Zu stürzen, von der lieben Heimat weg
Gerissen hab', und nun nicht würdig dich
Der Waffen deines Vaters halte, die
Mit Recht zu fodern du gekommen seist;
Odüsseus habe sie — und sage dann
Der Freventhaten schändlichste von mir.
Mich kränkst du nicht damit; doch thust du's nicht,
So stürzest du das ganze Heer in Noth;
Denn ohne dass du seinen Bogen raubst,
Zerstörst du nicht die Stadt des Dardanos.

v. 74. Dardanos, Troja's Stifter.

Du kannſt mit ihm geſahrlos und getroſt
Vertrauten Umgang pflegen, doch nicht ich.
Du ſegelteſt nach Troja nicht durch Eid
Gebunden, nicht im erſten Zug', und nicht
Von der Nothwendigkeit dahin geführt;
Dies alles iſt von mir ihm wohlbekannt.
Erſpäht er mich, ſo lang' der Bogen noch
In ſeinen Händen iſt, ſo iſt's um mich
Und auch um dich geſchehn; drum ſinne nach,
Und überzeuge dich, daſs nur die Liſt
Die unbeſiegten Waffen rauben kann.
Zwar weiſs ich wohl, du biſt von edler Art,
Und liebſt nicht Täuſcherei noch böſen Trug;
Schön aber iſt der Sieg! Auf! wag' es nur:
Wir wollen künftig wieder redlich ſein.
Sei dieſen Einen Tag gewiſſenlos,
Und überlaſs dich mir! es nennt dich drum
Die Zukunft doch den frömmſten Sterblichen!

NEOPTOLEMOS.

Was ich nicht ohne Greuel höre, das,
Laertäs Sohn, zu thun, haſs' ich noch mehr.
Betrug und böſe Künſte wurden mir

Nicht angebohren, auch Achilleus nicht.
Ich bin bereit den Mann dir mit Gewalt
Zu bringen, nicht durch Lift; und wird er uns,
Auf Einen Fufs geftüzt, uns Starke wol
Befiegen? Dir zum Thatgenoffen bin
Ich mitgefandt; doch keiner foll mich je
Verräther nennen: lieber will ich, weit
Das Ziel verfehlend, edel fein, als mir
Den Sieg erwerben durch unedle That!

ODÜSSEUS.

O Sohn des beften Vaters, als ich noch
Ein Jüngling war, hatt' ich die Zunge fehr
Verdroffen, und die Hand zu Thaten fchnell;
Nun, da mein Urtheil reifte, feh' ich, dafs
Die Zunge alles ausführt, nicht die Hand.

NEOPTOLEMOS.

Wos foderft du, als dafs ich lügen foll?

ODÜSSEUS.

Dafs deine Lift ihn täufche, will ich nur.

NEOPTOLEMOS.

Warum durch Lift? durch Überredung nicht?

ODÜSSEUS.

Gewalt und Überredung ſind umſonſt.

NEOPTOLEMOS.

Hat er ſo groſse Kraft, auf die er trozt?

ODÜSSEUS.

Sein Pfeil iſt irrlos, und ihm folgt der Tod.

NEOPTOLEMOS.

So iſt's gefahrvoll ſich ihm nur zu nah'n.

ODÜSSEUS.

Ich ſage dir, die Liſt nur ſichert dich.

NEOPTOLEMOS.

Doch glaubſt du eine Lüge keine Schmach?

ODÜSSEUS.

Dann nicht, wenn uns die Lüge Rettung giebt.

NEOPTOLEMOS.

Darfſt du emporſchaun, wenn du alſo ſagſt?

ODÜSSEUS.

Wer thut was Nuzen bringt, erröthe nicht!

NEOPTOLEMOS.

Iſt's mir Gewinn, wenn er gen Troja zeucht?

ODÜSSEUS.

Sein Bogen iſt's allein, der Troja ſtürzt.

NEOPTOLEMOS.

Ihr ſagtet ja, daſs ich der Tilger ſei?

ODÜSSEUS.

Du nicht ohn' ihn, und er nicht ohne dich.

NEOPTOLEMOS.

Wenn's alſo iſt, ſo raub' ich ſein Geſchoſs.

ODÜSSEUS.

Dein Lohn iſt zwiefach, wenn du es vollbringſt.

NEOPTOLEMOS.

Und welcher? Nenn' ihn, ſo bin ich bereit.

ODÜSSEUS.

Der Ruhm der Weisheit und des Muts iſt dein.

NEOPTOLEMOS.

Wohlan ich thu's, und thu' es ohne Schaam!

ODÜSSEUS.

Gedenkst du auch der Worte, die ich sprach?

NEOPTOLEMOS.

Was ich verheisse, das erfüll' ich auch.

ODÜSSEUS.

Bleib', und erwarte du ihn bis er kommt.
Ich gehe, dass sein Auge mich nicht hier
Erblick', und sende unsern Späher zum
Gestade, dass er, wenn ihr länger säumt,
Im Schiffsgewande wiederkehre, so
In List gehüllt, dass keiner ihn erkennt.
Was er im täuschenden Gespräch dir sagt,
Bedenke, Sohn, und hör' es nicht umsonst.
Das fodr' ich. Zu dem Schiffe geh' ich nun. —
Hermäs, der Leitende, der Listen Gott,
Führ', und Athänä uns, der Städte Schuz,
Die Siegerin, die stets mir Rettung gab!

(Odüsseus geht ab.)

CHOR.

ERSTE STROFE.

O Fürst, gebeut uns Fremdlingen
Im Fremdlingslande, was

Zu ſagen, was zu heelen ſei,
Ihm, deſſen Argwohn lauſcht;

Denn deſſen Rath und Weisheit ſtrahlt
Vor Weisheit und vor Rath,
Der über ſeine Lande mit
Kronions Zepter herrſcht.

Auf dich, o Sohn, floſs mit dem Blut
Des alten Urgeſchlechts
Die hohe Macht. Gebeut! was du
Begehrſt, das ſoll geſchehn!

NEOPTOLEMOS.

Gelüſtet euch, die entfernte Felſenkluft
Zu beſchauen, wo er des Schlummers geneuſst?
Nahet getroſt: aber wenn ihr ſeht
Den graunvollen Wandrer, ſo entweicht,
Suchet den Schuz meiner Rechte, und thut,
Was die Stunde der Gegenwart gebeut.

CHOR.

ERSTE GEGENSTROFE.

Was unſre alte Sorge war,
Nur das begehrſt du: ſtets

Wacht unser Aug' und forscht nach dem,
Was dir, o König, frommt.

Nun sag' uns, welche Höhle birgt
Ihn? welche Kluft ist sein?
Wo weilt er? rede! denn daſs wir
Es wissen, heischt die Noth.

Daſs uns nicht einst sein Überfall
Beliste; wo ist Ort
Und Stäte? führt uns seine Spur
Hinein? führt sie heraus?

NEOPTOLEMOS.

Ihr erblickt sein felsiges Lager dort,
Wo sich öfnet mit doppelter Halle die Kluft.

CHOR.

Aber wo ist der Elende selbst?

NEOPTOLEMOS.

Gewiſs er betritt nicht fern von uns,
Von der Nahrungsnoth getrieben, den Pfad.
Die Sage verkündet, daſs er
Sein mühsames Leben mühsam erhält

Mit der beflügelten Pfeile Jagd,
Und daſs mit der Krankheit Heilungen ihm
Nahet kein Arzt.

CHOR.

ZWOTE STROFE.

Ach es jammert uns ſein, dem keines Sterblichen Pflege
Lindrung giebt, der das Aug' eines Genoſſen nicht ſchaut,
Den in ewiger Einſamkeit die quälende Seuche
Nagt, den jegliche Noth, jegliche Mühe verzehrt.

Ach der Kummerbelaſtete! wie vermag er's zu dulden?
Doch in des Sterblichen Hand athmet Erfindung und Kraft.
Unglückſelige Menſchengeſchlechte, denen die Wagſchaal
Mehr des Elends wog, als ihr zu tragen vermögt!

ZWOTE GEGENSTROFE.

Dieſer, der keinem Geſchlechte der Erden an Glanz und an Alter
Seiner Ahnen weicht, darbt nun von allem entblöſst.
Mühſam ſäumet ſein Leben, er liegt von allen verlaſſen,
Nur von Bewohnern des Forſt's, zottigen Thieren, umringt.

Schmerzen ſoltern ihn, und Hunger, und rettungsloſe
Sorg', und graunvoll ſeufzt ächzendes Wehegeſchrei;
Trauernd erwiedert es Ächo aus weiterſchallenden Klüften,
Ach, und es ruhet ihr Mund nie von dem Jammergetön!

NEOPTOLEMOS.

Ich ſtaune deſs alles nicht:
Von den Göttern kommen, ſo ahndet es mir,
Dieſe Leiden auf den Unglücklichen

Durch der graufamen Chrüfä Zorn.
Ach nun fchmachtet er aller Pflege beraubt,
Nicht ohne der Unfterblichen Rath;
Dafs er nicht wider Troja zu früh
Spanne der Götter irrlofes Gefchofs,
Ehe die Stunde nahet, in der
Unter feinen Pfeilen Ilion finkt!

CHOR.

Verfchleufs deinen Mund, o Sohn!

NEOPTOLEMOS.

Was ift's?

CHOR.

Es erfchallet der Laut
Eines Mannes, den das gewohnte Leiden quält.

NEOPTOLEMOS.

Wo? hier oder da?

v. 204. Chrüfä, eine, wie Paufanias fagt, nicht weit von Lämnos gelegene, in der Folge der Zeit aber vom Meere verfchlungene Infel. Die alte Sage, wie unfer Held hier verwundet worden fei, hat der Prolog dem Lefer erzählt.

CHOR.

Ja, es trift uns, es trift uns der wahre Schall
Eines Mannes, der mühſam den Pfad betritt.

NEOPTOLEMOS.

Die ſchwere Stimme des männertilgenden Grams
Täuſchet mich nicht, unverkennbar ächzet ihr Ruf.

CHOR.

Sammle, o Sohn — — —

NEOPTOLEMOS.

Und was?

CHOR.

Neue Sorgen in dein Herz; denn entfernt
Iſt der Mann nun nicht mehr, nah' iſt er uns:
Nicht mit der ſüſsen Flöte Geſang
Kommt er, wie der weidende Hirte kommt;
Lautes Geheul erſchallet. Stieſs er vielleicht
Den Schmerzensfuſs? oder erſpähte ſein Aug'
Unſer Schiff an dem unwirthbaren Geſtad'?

DIE VORIGEN. FILOKTÄTÄS.

FILOKTÄTÄS.

O Fremdlinge!
Wer ſeid ihr, die ihr mit dem Ruderſchiff
Dies wüſte, hafenloſe Land befahrt?
Weſs Vaterlandes, weſs Geſchlechts? was ſoll
Ich von euch ahnden? Griechiſches Gewand,
Das mich mit Sehnſucht füllt, iſt eure Tracht.
Laſst eure Stimme hören, ſchaudert nicht
Vor meiner graunerfüllten Miſsgeſtalt,
Erbarmt euch eines Unglückſeligen,
Einſamen, der allein und freundlos iſt.
O ſprecht! wenn ihr euch mir als Freunde nah't,
Antwortet! Billig iſt es, daſs ihr mir
Nicht dieſe Pflicht verweigert, noch ich euch.

NEOPTOLEMOS.

O Fremdling, Griechen ſind wir; wiſſe das
Zuerſt, was du zu hören ſo verlangſt.

FILOKTÄTÄS.

Geliebteſte der Stimmen! Ach den Schall
Aus ſolchem Munde, nach ſo langer Zeit
Zu hören! Wer hat dich geleitet, Sohn,

Und welche Nothdurft hat dich hergeſandt?
Was iſt dein Wille? welcher liebſte Wind
Von allen hat dich hergeführt? O ſag'
Es mir, daſs ich erfahre wer du ſeiſt!

NEOPTOLEMOS.

Die meerumfloſs'ne Sküros iſt das Land,
Wo ich gebohren bin; ich ſchiffe heim.
Man nennt mich Neoptolemos, den Sohn
Achilleus. Nun iſt alles dir bekannt.

FILOKTÄTÄS.

O Sohn des liebſten Vaters, Sproſſe des
Geliebten Landes, Zögling, welchen einſt
Des Greiſes Lükomädäs Pfleg' erzog,
Mit welchem Schiffzug landeſt du? woher?

NEOPTOLEMOS.

Von Ilion führt mich die Fahrt zurück.

v. 250. Sküros, eine Inſel des Ägäiſchen Meers. Thetis wuſste, daſs ihrem Sohne vor Troja der Tod bevorſtehe; daher ſandte ſie ihn in früher Jugend und im Mädchenkleide zu Lükomädäs, dem Könige dieſes Eilandes. Achilleus bezeigte ſich aber bald als Jüngling, und Deidamia, die Königstochter, gebahr ihm Neoptolemos, der auch Pürrhos heiſst.

FILOKTÄTÄS.

Du warſt ja auf dem Schiffgeſchwader nicht,
Als unſer Zug zuerſt gen Troja ging.

NEOPTOLEMOS.

War dein die Arbeit dieſes Krieges auch?

FILOKTÄTÄS.

Weiſst du denn nicht, o Sohn, wen du erblickſt?

NEOPTOLEMOS.

Wie ſollt' ich's wiſſen, der ich nie dich ſah?

FILOKTÄTÄS.

Haſt du denn meinen Namen nicht, und nicht
Den Ruf der Qual gehört, die mich vertilgt?

NEOPTOLEMOS.

Nein! nichts iſt mir bekannt, was du erzählſt.

FILOKTÄTÄS.

Ich Unglückſeliger! o wie verhaſst
Bin ich den Göttern! So erſcholl daheim
Die Sage meiner Leiden nicht, erſcholl
In keinem Lande Hellas? und die mich
Frevelnd ausſtieſsen, lachen, und ihr Mund

Verſchleuſst das was geſchah? Indeſs verzehrt
Die Qual der Krankheit mich, die immer wächſt!
O Sohn! Achilleus deines Vaters Kind,
Ich bin's, von dem du hörteſt, daſs er ſei
Der Erbe vom Häракliſchen Geſchoſs,
Pöas Erzeugter, Filoktätäs, den
Der Kefalläner Fürſt Odüſſeus, und
Die Brüderfeldherrn treulos an den Strand
Hinwarfen, einſam, wie du mich erblickſt,
Ein Raub der Qualenſeuche, die der Biſs,
Der Natter giftgetränkter Biſs mir gab.
Mit dieſer Wund' und einſam haben ſie
Mich, die Verräther! als wir unſern Lauf
Von Chrüſä's Eiland hemmten, Sohn, mich hier
Verlaſſen! und als ſie mich von der Flut
Ermüdet unter Felſen am Geſtad'
In Schlummer fanden, ſegelten ſie weg,
Veralteter Gewande mir ſo viel
Zur Seite legend, wie auch Bettlern wird,

v. 278. Kefalläner, ein allgemeiner Name der Unterthanen des Oduſſeus in Ithaka, Samä, Zakünthos, u. ſ. w.

Und Speisenothdurft kärglich, wie mein Wunsch
Sie ihnen gönnt! — O welch Erwachen,
Sohn,
War das? Gegangen waren sie! Wie glaubst
Du, daſs ich mich dem Schlaf entriſs, wie ich
Mit Thränen klagte und mit Angstgeschrei,
Als ich die Schiffe, die uns hergeführt,
Im weiten Meer', und niemand um mich sah?
Niemand, der meiner sich erbarme, der
Des Schmerzbelasteten Erquicker sei!
Ich forschte alles um mich her, und fand
Nur Noth, und welche Fülle dieser Noth!
So folgte eine Zeit der andern Zeit.
Ich muſste unter meinem kleinen Dach
Mir selber alles sein, mein Bogen gab
Was meinen Leib erhielt, die Tauben aus
Den Lüften; doch wenn mein geschnellter Pfeil
Die Beute haschte, muſst' ich kriechend, ach,
Mit nachgeschleiftem Fuſse sie erspähn.
So kümmerte mich auch ein jeder Trunk,
Und mehr noch, wenn der Quell zur Winterzeit
Zu Eiſs erstarrte; dann muſst' ich mir Holz,
Ich Armer, brechen, und mit meiner Last

Beladen, ächzend mich zur Höhle mühn.
Nach aller Arbeit mangelte mir noch
Das Feuer, und ich muſste Stein an Stein
Zerſchlagen, um den tiefverborg'nen Strahl
Zu locken, der mein Leben mir erhält.
Mein Hüttendach und meines Herdes Glut,
Die geben alles, nur Geſundheit nicht!
Laſs mich von dieſer Inſel dir, o Sohn,
Erzählen: hafenlos iſt ſie, es nah't
Kein Schiffer und kein Krämer willig ihr,
Denn Gaſtrecht und Gewinn gewährt ſie nicht.
Wer klug iſt, kommt nicht her! Zwar landeten
Vom Sturm getrieben einige, denn viel
Erlebt in ſolcher langen Zeit der Menſch;
Doch wenn ſie kamen, ſo erbarmten ſie
Sich nur in Worten, und ihr Mitleid gab
Mir wenig Speiſ' und wenig Hülle nur.
Ich fleh' und keiner hört, erlöſen will
Mich keiner, keiner führt zur Heimat mich.
Ich Unglückſeliger! zehn Jahre ſchon
Verzehrt mich Hunger, Elend und die Qual'
Der Wunde, die mich unerſättlich nagt.
O Sohn, das haben die Atreiden mir,

Das hat Odüſſeus Frevel mir erregt!
Ach daſs die Götter alle Leiden einſt,
Die ich erdulde, ihnen ſendeten!

CHOR.

Wie alle deine Gäſte, Pöas Sohn,
Erfüllt uns mit Erbarmen deine Noth.

NEOPTOLEMOS.

Ich ſelbſt bin Zeuge deſſen, was du ſagſt;
Auch mir ward vieles Leid durch die Gewalt
Der Kinder Atreus und Laertäs Sohns.

FILOKTÄTÄS.

Die Allvertilger! Haſt du wider ſie
Auch Klage? Welches Unrecht rügt dein Zorn?

NEOPTOLEMOS.

Mit Rache ſättige ſich dieſe Hand;
So ſoll Mükänä, ſo ſoll Sparta ſehn,
Daſs Sküros tapfrer Männer Mutter ſei!

FILOKTÄTÄS.

Sehr wohl, mein Sohn! Doch wie erregten ſie
Den groſsen Zorn, der dich von Troja trieb?

NEOPTOLEMOS.

Ich will dir ſagen, wenn ich es vermag,
Wie ſie mich drängten mit des Unrechts Zwang:
Nachdem des Todes Loos Achilleus fiel —

FILOKTÄTÄS.

O weh! erzähle mehr nicht, rede ſchnell,
Daſs ich's erfahre: todt iſt Päleus Sohn?

NEOPTOLEMOS.

Durch keinen Krieger überwältiget;
Ihn traf, ſo ſpricht die Sag', Apollons Pfeil.

FILOKTÄTÄS.

Groſs war der Tödter, und der Todte groſs!
Ich weiſs nicht, Sohn, ob ich dein Leiden erſt
Erforſchen, oder ihn beweinen ſoll?

NEOPTOLEMOS.

Ich mein', o Armer, es genüge dir
An eigner Qual; laſs du die fremde ruhn.

FILOKTÄTÄS.

Du redeſt wahr! Beginn von neuem zu
Erzählen, welches Unrecht dir geſchah'.

NEOPTOLEMOS.

Auf ſchöngeſchmücktem Schiffe kam zu mir
Der göttliche Odüſſeus, und der Greis,
Der ehmals meines Vaters Pfleger war.
Sie ſagten: ob mit Wahrheit oder nicht?
Nach meines Vaters Tode wär' es mir,
Nur mir beſtimmt, zu ſtürzen Ilion.
O Freund, ſo ſagten ſie! Ich zauderte
Nicht lange, ſegelte mit ihnen weg;
Die Sehnſucht trieb mich, unbegraben ihn
Zu ſehn, den lebend nie mein Auge ſah;
Und ſchön und reizvoll war das Wort, daſs ich,
Nur ich erobern ſollte Troja's Schloſs.
Mit hochgeſchwoll'nem Segel kamen wir
Den zweeten Tag zum ſchmerzerfüllten Strand
Sigeion; ſchnell umringte mich der Kreis
Des ganzen Heers, und nahm mich liebend auf,
Und alle ſchwuren, den geſtorbenen
Achilleus wieder lebend anzuſchaun.
Er lag im Grab'! Ich Unglückſeliger
Bejammerte ihn weinend; aber bald

v. 367. Fönix.

v. 379. Sigeion, ein Vorgebirge in Troas.

Ging ich, ach meine Freunde wähnt' ich sie!
Zu Atreus Söhnen, und begehrte, so
Wie's billig war, des Vaters Waffen, und
Was sein gewesen. Ach! da gab ihr Neid
Die bittersten der Reden mir zurück:
Achilleus Same, nimm du alles hin,
Was deines Vaters war; die Waffen hat
Ein andrer Mann, die hat Laertäs Sohn. —
Thränen entstürzten mir; schnell sprang ich auf,
Und sagt', ergriffen von des Ärgers Wut:
Elende, ohne dass ich's wusste, gabt
Ihr meine Waffen einem andern hin?
Da sprach Odüsseus, der zur Seiten stand:
Jüngling, die Waffen gaben sie mit Recht
Mir, der sie, so wie Ihn, dem Feind' entzog. —

v. 399. Odüsseus sagte in der Versammlung der Helden:

— — — Als der Griechen Schuzwehr, Achilles,
Niedersank, da hielten nicht Thränen, nicht Schmerz, und nicht Furcht mich;
Hoch auf meinen Schultern trug ich den Leichnam, auf diesen
Schultern, sag' ich, trug ich zurück den Leichnam Achilles,
Ihn und seine Waffen.

Ovid. Metam. 13. v. 281.

Mein Zorn entbrannte mehr noch, und ich rief
Der Racheflüche gräſslichſte auf ihn,
Gäb' er mein Waffenerbe nicht zurück.
Die Worte biſſen ſeinen trägen Zorn;
Er trat hervor und ſprach: Du warſt nicht, wo
Wir waren, warſt entfernt, wo es dir nicht
Zu ſein geziemte; nun da wider uns
Dein Truz ſich hebt, verheiſs' ich dir, du ſollſt
Mit dieſen Waffen nie gen Sküros ziehn. —
Durch dieſe Schmach ergrimmt, ſchifft' ich alsbald
Der Heimat zu, des Meinigen beraubt
Vom ſchlimmſten Manne, ſchlimmſter Väter Sohn.
Doch ſchuldiger ſind die, in deren Hand
Die Macht iſt, denn es folgen Stadt und Heer
Den Herrſchenden: wer Unrecht thut, der ward
Durch ſeiner Führer Schuld ein böſer Mann.
Nun weiſst du alles: wie ein Gott ſo werth
Iſt der mir, welcher die Atreiden haſst.

v. 411. Eine Anſpielung auf die Sage, daſs Odüſſeus Siſüfos Sohn ſei.

CHOR.

STROFE.

Erde, du Nährerin Aller, du
Gebirgebekränzte, du Mutter Zeus,
Deren Schoos Lüdia's Strom wogig ſich,
Und mit ihm ſtrahlendes Gold tönend ergeuſst!
Dir, o Gefeirteſte, flehten wir,
Als ihm ſich ergoſs der Atreiden Wut,
Und Achills Waffen, ſein Erb', ihm entriſs,
Und des Ruhms Preis an den Held Ithaka's gab.
Heil, o Unſterbliche, Hehre, dir,
Die du mit dem Löwengeſpann, dem ſtets

v. 418. Die Göttin Erde, Kübelä, Rhea, die Mutter der Götter, wurde beſonders in Frügien und Troas verehrt; daher das Chor ſie als Zeugin des dem Neoptolemos wiederfahrenen Unrechts anrufet. Zwar ſoll ſie auch einen göttlichen Dienſt in Lämnos gehabt haben, doch jene Veranlaſſung dieſes Geſanges ſcheint mir die natürlichſte.

v. 420. Lüdia's Strom, der wegen ſeines Goldſandes berühmte Paktolos.

v. 427. Der Wagen dieſer Göttin wurde von Löwen gezogen.

Von des Stiers Blute der Schlund trieft,
einher
Durch das Land hoch in Triumf,
Göttliche! zeuchſt.

FILOKTÄTÄS.

Gerecht ſind eure Klagen, und gerecht
Iſt's, Freunde, daſs ihr Ilion verlaſst.
Ich glaube was ihr ſagt, daſs dies das Werk
Von Atreus Söhnen und Odüſſeus ſei:
Ich kenn' ihn, weiſs wie er zu Läſterung
Und böſen Ränken ſeine Zunge ſpizt,
Und nie zum Ziele guter Thaten ſtrebt.
Deſs ſtaun' ich nicht; doch deſs, daſs Ajas dies,
Der gröſs're Ajas, dies erduldet hat.

NEOPTOLEMOS.

Er war nicht mehr, o Freund. Hätt' Ajas noch
Gelebt, der Waffen wär' ich nie beraubt.

FILOKTÄTÄS.

Was ſagſt du? iſt auch er zur Gruft gewallt?

v. 438. Ajas der Telamonide ward der gröſsere Ajas genannt, um ihn von Ajas dem Sohne des Oileus zu unterſcheiden.

NEOPTOLEMOS.

Ich ſage dir, er ſchaut nicht mehr das Licht!

FILOKTÄTÄS.

O ich Unſeliger! und Tüdeus Sohn
Stirbt nicht, noch Siſüfos verkaufter Erb'
Odüſſeus, die nicht werth des Lebens ſind?

NEOPTOLEMOS.

Die ſterben warlich nicht! die blühen hoch
In voller Lebenskraft im Griechenheer.

FILOKTÄTÄS.

Was aber macht mein edler alter Freund,
Neſtor von Pülos, deſſen weiſer Rath.
Beſtändig ihres Frevels Dämmung war?

NEOPTOLEMOS.

Den drückt der Kummer nieder, denn der Tod
Hat ihm den Sohn Antilochos geraubt.

v. 443. Tüdeus Sohn, Diomädäs.

v. 444. Die ſchon in zwoen Anmerkungen erwähnte Sage fügt noch hinzu, Laertäs habe ſogar für ſeine Schmach bezahlen, und ſeine Braut, die von Siſüfos entehrte Antikleia, mit vielen Schäzen löſen müſſen.

FILOKTÄTÄS.

O weh! von zween Helden bringſt du mir
Sehr bittre Botſchaft, deren Tod mich mehr
Als aller andern ſchmerzt. Ach wer vermag's
Zu denken, ſie ſind todt, Odüſſeus lebt!
Ach deckte doch ſtatt ihrer ihn das Grab!

NEOPTOLEMOS.

Das iſt ein ſchlauer Ringer; doch es wird
Vereitelt oft die Liſt des Weiſeſten.

FILOKTÄTÄS.

O bei den Göttern! ſage mir, wo war
Patroklos, deines Vaters liebſter Freund?

NEOPTOLEMOS.

Ach er war todt! — Mit kurzen Worten ſag'
Ich dir: die Feigen raubt der Krieg nicht gern,
Die beſten Männer raubt er ſtets zuerſt.

FILOKTÄTÄS.

Wohl haſt du Recht; drum frag' ich dich nach dem,
Der einer Frag' unwürdig iſt, dem Mann
Der ſchlauen, ſcharfen Zunge, wie iſt's ihm?

NEOPTOLEMOS.

Wen anders meinſt du als Laertäs Sohn?

FILOKTÄTÄS.

Nicht ihn. Es war ein Mann, Therſitäs hieſs
Sein Name, der oft zweimal ſagte, was
Man Einmal anzuhören nicht ertrug.

NEOPTOLEMOS.

Ich ſah' ihn nicht, doch weiſs ich daſs er lebt.

FILOKTÄTÄS.

Das muſs er! denn es ſtirbt wer böſ' iſt nicht,
Die Götter ſchüzen ihn und pflegen ſein!
Für das, was voll von Tück' und Bosheit iſt,

v. 469. Therſitäs, der verworfenſte des Griechenheers. Homer ſagt von ihm:

— Therſitäs, welcher von thörichter Unverſchämtheit
Aufſchwoll, murrete viel mit ungebührlichen Reden,
Seine Sitte war immer zu widerſtreben den Feldherrn,
Und die höniſchlächelnden Lippen troffen von Tadel,
Häſslich war er vor allen im ganzen Heere der Griechen,
Schielend, hinkend mit einem Fuſse, die buckligen Schultern
Drängten ſich vor und engten die Bruſt, der ſpizige Scheitel
War mit dünnen, weichlichen Haaren ſparſam beſäet.

Meines Brud. Überſ. der Ilias 2. v. 210.

Verſchlieſsen ſie des Hadäs Schlund, in den
Sie ſtürzen was gerecht und edel lebt!
Was ſag' ich? Sollt' ich preiſen was ſie thun
Auch dann, wann ihre Thaten unrecht ſind?

NEOPTOLEMOS.

Ich will mich fürder hüten Ilion
Und den Atreiden, Pöas Sohn, zu nah'n.
Wo mehr der Böſe als der Gute gilt,
Wo alles Edle ſchwindet, wo Gewalt
Die Herrſchaft hat, da hab' ich keinen Freund.
An Sküros Felſeneiland will ich mich
Genügen, und mich meiner Heimat freun. —
Nun eil' ich zu dem Schiffe; lebe wohl!
Sohn Pöas, lebe wohl! O daſs dich bald
Die Götter von der Plag' erretteten!
Ich laſſe dich und geh'; ſobald uns Gott
Den Wind verleiht, ſo löſen wir das Schiff.

FILOKTÄTÄS.

Ach eilſt du ſchon, mein Sohn?

NEOPTOLEMOS.

Die Zeit gebeut
Von nah' und nicht von fern die Fahrt zu ſpähn.

FILOKTÄTÄS.

Bei deinem Vater, deiner Mutter, Sohn,
Bei allem, was daheim dir theuer ist,
Beschwör' ich flehend dich, lass mich nicht hier
Einsam mit meinem Jammer wohnen, den
Du schaust, den du in meinen Seufzern hörst!
O wirf mich in den Winkel deines Schiffs,
Der keinem nüzt; zwar weiss ich welche Last
Ich sei, doch trage sie! der Edle scheut
Die Schmach, und liebt den Ruhm der schönen That.
Läst du mich hier, so harret Schande dein,
Und vieler Preis des Lobes, wenn ich, Sohn,
Das Land des Öta lebend wiederseh'.
O dulde, die nicht einen ganzen Tag
Dich kümmert, diese Plage, wirf mich hin,
Wohin dich lüstet, in des Schiffes Bauch,
Vorn' oder hinten, wo ich minder Müh'
Den Führern gebe! Ach erhöre du
Bei Zeus, dem Gott der Flehenden, mich, Sohn!
Lass dich erweichen! Sieh', ich werfe mich
Zu deinen Knieen, kraftlos, hinkend, und
Voll Schmerz und Jammer, o verlass mich hier

Nicht einſam, wo kein Menſch den Pfad betritt.
Laſs deine Heimat den Erretteten
Empfangen, oder führe mich zum Strand
Euböa's, der nicht fern von Öta's Berg
Und Trachis Scheitel iſt, vom ſchönen Strom
Spercheios! Meinem Vater bringe du
Mich wieder! Ach ich fürchte, lang' iſt er
Von mir gegangen! Alle Kommenden
Hab' ich mit flehendem Gebet zu ihm
Geſandt, daſs er mich ſelbſt erlöſ' und mir
Ein Schifflein ſende zu der Überfahrt.
Todt iſt er, oder meine Boten ſind
Sorglos und ungerührt von meiner Qual
Der Heimat zugeſegelt — Ach ſei du
Mein Bote, ſei mein Führer, rette mich!
Erbarme du dich mein! Du ſchauſt ja, wie
Gefahr und Elend ſtets die Sterblichen
Bedrohn, wie ſchnell ihr Glück zum Unglück wird.
Der Kummerloſe blicke auf die Noth

v. 520. Spercheios, ein Theſſaliſcher, auf dem Gebirge Pelion entſpringender Fluſs.

Des Leidenden, und wer in Freuden lebt,
Sei wachsam, das Verderben laurt auf ihn.

CHOR.

GEGENSTROFE.

König, erbarm', o erbarme dich,
Erzeugter Achilleus, erbarme dich,
Du dich sein, welcher die Last, die ihn drückt,
Ach der Qual Wehegeschick jammernd dir klagt!

Keinen, der Unsern ergreife je
Der Leiden Gewalt, wie sie stürzt auf ihn!
Du, der Feind Atreus Geschlechts, wandle du
Ihm den Fluch, der ihn verfolgt, König, in Heil!

Lass uns erhören des Sehnenden
Gebet, ihn geleiten auf schnellem Schiff
In das Land seiner Geburt; lass du uns
Eh' es nah't, fliehn des Vergelts Rachegericht!

NEOPTOLEMOS.

Doch lafst nicht eure Gunft zu willig fein,
Dafs ihr, wenn euch der nahen Krankheit Laft
Zu fchwer wird, nicht von eurer Rede weicht.

CHOR.

O nein, es kommt der Tag nicht, da du uns
Mit Recht durch diefen Vorwurf fchelten wirft.

NEOPTOLEMOS.

O Schmach für mich, wär' ich den Flehenden
Zu retten weniger bereit als ihr!
Dünkt's euch, fo gehn wir, und er eile nach
Zu unferm Schiffe, das ihn fahren foll.
Wenn uns die Götter nur von hier befrein,
So fegeln wir wohin der Wille fteurt.

FILOKTÄTÄS.

O fchönfter Tag! und o du befter Mann!
Und ihr, geliebte Schiffer, könnt' ich euch
Durch Thaten zeigen wie ihr werth mir feid!
Komm, lafs uns meine Höhle grüfsen, Sohn,
Die unwirthbare Wohnung, welche dich
Das Leben, das ich lebte, lehren foll,

Und meiner Seele Kraft, die es ertrug.
Kein andrer wird mit ſeinen Augen nur
Den Anblick dulden deſſen, was die Noth,
Die lange Noth — zu lieben ſelbſt mich zwang!

CHOR.

O harrt und laſst uns ſchaun! Zween Männer nah'n,
Der eine unſer Schiffsgenoſs, mit ihm
Ein Fremder; hört ſie, eh' ihr euch entfernt.

DIE VORIGEN. EIN MANN IN FREMDER TRACHT. EINER DES SCHIFFS.

DER FREMDE.

Achilleus Sohn, ich habe dieſen Mann
Gebeten, der auf deinem Schiffe nebſt
Zween andern Wache hielt, daſs er zu dir
Mich leite, weil ich hier dich treffe, nicht
Mit Willen, ſondern von dem Glück geführt
Zu einer Landung. Heimwärts bringt die Fahrt
Mein klein Geſchwader von dem Griechenheer

Zur rebenreichen Peparäthos hin.
Ich hörte, deine Schiffer wären hier;
Da ſchien mir's, ſchweigend müſst' ich, ohne dich
Zu ſehn, nicht weiter ſegeln, weil mein Loos
Mich zu Genoſſen leitet, und weil du
Nicht weiſst, was deiner harrt, und welchen Rath
Die Griechen wider dich erſonnen, der
Nicht Rath nur, der vollbrachte That ſchon iſt.

NEOPTOLEMOS.

Für deine Warnung harret dein, o Freund,
So wahr ich nicht entartet bin, mein Dank:
Erkläre was du ſagteſt, daſs mir nicht
Der Griechen neuer Rath verborgen ſei.

DER FREMDE.

Fönix, der Greis, und Thäſeus Söhne ſind
Auf ihren Schiffen ſchnell dir nachgeeilt.

NEOPTOLEMOS.

Mich hinzulocken, mich mit Macht zu ziehn?

DER FREMDE.

Ich weiſs nicht; was ich hörte ſag' ich nur.

v. 579. Peparäthos, eine der Kükladiſchen Inſeln.

NEOPTOLEMOS.

Sind Fönix und die Helfer ſo bereit
Zu thun, was der Atreiden Gunſt erwirbt?

DER FREMDE.

Sie ſäumen nicht, ſchon iſt die That vollbracht.

NEOPTOLEMOS.

Odüſſeus nicht? wollt' er die Botſchaft ſelbſt
Nicht überbringen? hielt die Furcht ihn ab?

DER FREMDE.

Er war zu einem andern Mann geſchifft
Mit Tüdeus Sohn, als ich den Anker hub.

NEOPTOLEMOS.

Wer iſt's, zu dem Odüſſeus ſelber zog?

DER FREMDE.

Es war . . . Doch ſage mir zuerſt, mit wem
Du redeſt; aber ſag' es leiſes Worts.

NEOPTOLEMOS.

Der edle Filoktätäs, Fremdling, iſt's.

DER FREMDE.

(leiſe.)

O frage mehr nicht; löſe ſchnell dein Schiff,
Und reiſse dich von dieſem Lande weg!

FILOKTÄTÄS.

Was iſt's, mein Sohn? In welche Finſterniſs
Gehüllt verkauft mich des Verräthers Wort?

NEOPTOLEMOS.

Ich weiſs nicht was er ſagt. Es ſoll an's Licht
Für dich, und mich, und jene, was er meint.

DER FREMDE.

O Sohn Achilleus, wolleſt bei dem Heer
Mich nicht verrathen, daſs ich, was die Pflicht
Verbot, dir anvertraue: reich ward dort
Mir Armen jeder kleine Dienſt belohnt.

NEOPTOLEMOS.

Ich haſſe die Atreiden, und es iſt
Mein beſter Freund, wer die Atreiden haſst.
Du kamſt um mich zu ſehn, und muſst mir nichts
Von dem verheelen, was dein Ohr vernahm.

DER FREMDE.

Schau was du thuſt!

NEOPTOLEMOS.

Ich ſchaut' es lange ſchon.

DER FREMDE.

So ſei denn dein die Schuld.

NEOPTOLEMOS.

Sie ſei's! beginn!

DER FREMDE.

Ich ſage dir, daſs gegen dieſen Mann
Die Zween, die ich dir nenne, Tüdeus Sohn
Und auch der weiſe Held Odüſſeus ziehn.
Sie ſchwuren ihn mit ſich zu führen durch
Der Sanſtmut Reden oder mit Gewalt.
Das haben alle Griechen aus dem Mund'
Odüſſeus angehört; denn dieſer ging
Mit mehr Vertraun wie jener zu der That.

NEOPTOLEMOS.

Was iſt's, das der Atreiden Sorge nach
So langer Zeit zu dieſem, den ſie einſt

Verbannten, wieder lenket? Ist es Drang
Der Sehnsucht, der sie antreibt? ist's die Macht
Der Götter, deren Zorn den Frevel straft?

DER FREMDE.

Ich will euch alles kund thun, denn vielleicht
Vernahmt ihr's nicht: Ein edler Seher war
In Troja, Helenos, des Priams Sohn;
Den grif der listige Odüsseus, er,
Der jeden Schaden, jedes Unglückswort
Erspäht, auf seinem Pfad der Mitternacht
Und Einsamkeit, führt' ihn gefesselt mit,
Und zeigte allen seinen reichen Raub.
Viel Zukunftsworte sprach des Sehers Mund,
Und sagte: dass wir Troja's Veste nie
Erobern würden, wenn wir diesen Mann
Mit glatten Worten seiner Insel nicht
Entlockten, seinem öden Wohnungsort.
Sobald Laertäs Sohn des Sehers Spruch
Vernahm, gelobt' er plözlich diesen Mann
Den Augen aller Griechen vorzustell'n:
Durch Überredung hoff' er ihn mit sich
Zu führen; könn' er das nicht, mit Gewalt.

Miſsling' es ihm, ſo fodr' er jeden auf
Das Haupt ihm abzuhauen mit dem Schwert.
Nun weiſst du alles, Sohn. Ich rathe dir,
Flieh du, und jeder, deſs du Sorge trägſt.

FILOKTÄTÄS.

O weh mir! ſchwur der Allverderber mich
Zurück zu locken? Ha! er ſoll mich nicht
Bethören! und ſo wenig folg' ich ihm,
Als ich im Tode von den Schatten einſt
Zum Lichte kehre, wie ſein Vater that!

v. 661. Siſüfos hatte ſterbend ſeinem Weibe verboten ihn zu begraben. Da er in die Wohnungen der Schatten kam, beklagte er ſich, daſs ſeine Leiche unbeſtattet läge, und bat Pluton um die Erlaubniſs, zur Beſtrafung ſeines Weibes, die Erde wieder beſuchen zu dürfen. Sie ward ihm gewährt; doch nun wollte er nicht zu dem Stüx zurückkehren; Hermäs muſste ihn mit Gewalt hinunter ſtürzen, wo das von ihm immer empor zu wälzende, und immer hinabrollende Felsſtück ſein ſchon harrete. Dieſe Geſchichte wird zwar von Homer nicht erzählt; doch ſie findet ſich ſchon in dem Dichter Theognis, der zu Solons Zeiten lebte. Er ſagt von Siſüfos:

Der durch ſchlaue Ränke ſogar aus dem Hadäs emporſtieg,
Denn er bethörte das Weib Plutons mit ſchmeichelndem Wort:

DER FREMDE.

Das weiſs ich nicht! Zu Schiffe geh' ich nun.
Was euch am beſten frommet, geb' euch Gott!

FILOKTÄTÄS.

Ach iſt's nicht ſchrecklich, daſs Laertäs Sohn
Durch Schmeichelworte mich zu locken, mich
Dem ganzen Griechenheer zu zeigen hoft?
Nein, eh wollt' ich der giſt'gen Feindin Wut
Vertraun, der Natter, die mich fuſslos macht!
Was iſt's, das er zu ſagen und zu thun

Alſo kehrte Äolia's Held zu den Strahlen der Sonne
Wieder zurück, durch den Trug allesbeſiegender Liſt.

Eine ähnliche Erlaubniſs hatte Polüdoros Schatten ſich erbeten. Er ſagt:

Die Herrſcher unten haben mir's vergönnt,
Der Mutter zu erſcheinen, daſs ein Grab
Mir würde . . .

Eurip. Hekabä v. 49.

Der jüngere Plinius erzählt B. 7. Br. 27. in einem Briefe an Sura eine ſolche Erſcheinung, deren Zeuge ſogar der Stoiker Athenodorus, der zu Auguſtus Zeiten lebte, geweſen ſein ſoll. Die Sagen dieſer Art, deren Cicero mit dem Ausrufe erwähnt: quis tandem poteſt contemnere? gehören weniger hierher, weil die Grabverlangenden ſich in Traumbildern offenbarten.

Nicht wagt? Nun weiſs ich's, und er täuſcht mich nicht.
Ach laſs uns eilen, daſs uns weit das Meer
Von ſeinen Schiffen trenne, komm, mein Sohn.
Wohlan! wenn Eile Noth iſt, ſo gewährt
Sie nach der Arbeit Ruh' und ſüſsen Schlaf!

NEOPTOLEMOS.

Ja, wenn der Wind in unſre Segel weht,
So ſchiffen wir; nun hemmt er unſern Lauf.

FILOKTÄTÄS.

Deſs Fahrt iſt glücklich, der ſein Unglück flieht!

NEOPTOLEMOS.

Sei ruhig; auch für jene weht er nicht.

FILOKTÄTÄS.

Es hemmt die Räuber nie ein Gegenwind,
Wenn Diebſtahl ſie und Frevelbeute lockt.

NEOPTOLEMOS.

Gefällt dir's, laſs uns gehn; nimm was für dich
Die Nothdurft heiſcht, und was dir theuer iſt.

FILOKTÄTÄS.

O Lieber, wenig iſt's, deſs ich bedarf.

NEOPTOLEMOS.

Was iſt's, das dir mein Schiff nicht geben kann?

FILOKTÄTÄS.

Ich hab' ein Kraut, das meine Wunde ſtets
Beſänftigt, und die Wut der Schmerzen ſtillt.

NEOPTOLEMOS.

Bring's her, und alles, was dein Herz verlangt.

FILOKTÄTÄS.

Ach mein Geſchoſs! O daſs ich nichts von ihm
Vergeſſe, daſs es keines andern ſei!

(Er holt Bogen und Pfeile.)

NEOPTOLEMOS.

Dein hochberühmter Bogen, iſt er das?

FILOKTÄTÄS.

Den du in meinen Händen ſiehſt, nur der.

NEOPTOLEMOS.

Darf ich ihn nah beſchaun, ihn faſſen, ihn
Mit Ehrfurcht küſſen, gleich als wär's ein Gott?

FILOKTÄTÄS.

Er, o mein Sohn, und jedes Meine, das
Dir Nuzen bringt, ſei deinem Dienſt geweih't.

NEOPTOLEMOS.

Mich lüſtet zwar nach ihm, doch nur wenn mir's
Vergönnt iſt: darf's nicht ſein, ſo wünſch' ich's nicht.

FILOKTÄTÄS.

Wie fromm du redeſt, Sohn! Dir ſei's erlaubt,
Du, der du mir allein der Sonne Strahl
Von neuem zündeſt, der du Öta's Berg,
Den alten Vater und die Freunde mir
Zu ſchauen giebſt, der du mich von dem Joch
Der Feinde löſeſt, und mein Herz erhebſt.
Getroſt, mein Sohn, nimm ihn in deine Hand;
Doch wie ich ihn dir gebe, gieb ihn mir!
Daſs unter allen Sterblichen nur du
Um deiner Tugend willen ihn berührſt,
Deſs rühme dich! Durch Liebesdienſt erwarb
Ich mir ihn, und beneide dir es nicht
Ihn zu beſchau'n und zu berühren, Sohn!
Wer Wohlthat lohnt mit Wohlthat, der iſt mehr
Als alle reichſten Schäze, iſt ein Freund!

v. 708. Weil er den Scheiterhaufen des Häraklās angezundet hatte.

NEOPTOLEMOS.

Geh nun hinein.

FILOKTÄTÄS.

Komm, führe mich; es sehnt
Nach dieser Stüze meine Krankheit sich.

(Sie gehen in die Höhle.)

CHOR.

ERSTE STROFE.

Ixion sah'n wir selbst nicht, die Sag' erscholl
Von ihm, der lüstern nahte dem Bette Zeus,
Doch den Kronions Allmacht fassend
Band an die Schwünge des Wirbelrades.

v. 715. Ixion, König der Lapithen, für die Göttin Härä entbrannt, wollte sie zu Gegenliebe reizen. Zeus bildete ein Luftfantom in ihre Gestalt; jener umarmte in seinem Wahne die Wolke, und zeugte mit ihr die Kentauren. Den Willen wie die That bestrafend, stürzte ihn Zeus in den Hadäs, wo er mit Schlangen an ein sich immer drehendes Rad gebunden ward.

Nach ihm vernahm von keinem das Ohr, es sah
Das Auge keinen unter den Sterblichen
Verstrickt im Unglück so wie diesen
Mann, der befreiet von aller Schuld ist,

Der fromm und bieder lebte, der unverdient
In's Elend stürzte! — Staunen ergreifet uns,
Wie er, bestürmt von allen Wogen,
Einsam dies Leben der Thränen duldet!

ERSTE GEGENSTROFE.

Umsaus't von Stürmen, ohne des Fusses Kraft,
Und fern von jedem Erdebewohner, fern
Von jedem Nachbar seines Elends,
Dem er die Schmerzen der Wunde klage,

Ach, der erbarmend ihm von der Erde Schoos
Die milden Kräuter lese, das flammende
Geschwär des Natterzahns ihm kühle,
Und ihm den Balsam des Schlummers träufle!

Gewährt die Qual ihm Ruhe, so kreucht und wankt
Er auf die sanftern Pfade: so kreucht und wankt

Das Kindlein, wenn die treue Amme
Einſam es lieſs, und es ihr nun nachſtrebt.

ZWOTE STROFE.

Keine Frucht der heiligen Erde ſtärkt ihn,
Ach er ſammelt keine der milden Samen,
Die das Leben uns, den erfindungsreichen
Menſchen, erhalten:

Nur des ſchnellbeflügelten Pfeiles Beute
Giebt ihm Speiſe, wenn er des Himmels Vogel
Trifft, der blutig, niedergeſenktes Fittigs,
Stürzt, und ihn ſättigt.

Ach ſchon iſt's das zehnte der Jahre, daſs dich,
Unglücksſohn! der liebliche Wein nicht labet,
Daſs du ſchmachtend ſpäheſt, und kreuchſt zum Trunk des
Stehenden Pfuhles.

ZWOTE GEGENSTROFE.

Selig fleuſst dem Sieger der Leiden nun ſein
Leben, ſelig bis zu dem Ziele fleuſst es;
Seinen Retter ſchaut er, den edlen Spröſsling
Edelſter Ahnen.

Schnell wird der ihn führen im Tanz des Schiffes,
Ach nach vielen Monden, zu seiner Väter
Heimat, hin zum Busengestad' und Mälis
Harrenden Nümfen;

Zu Spercheios grünendem Ufer, hin zu
Öta's Gipfel, da wo Härakläs strahlend
Sich zu allen Göttern erhub, ein Gott, aus
Heiligen Flammen!

NEOPTOLEMOS UND FILOKTÄTÄS KOMMEN AUS DER HÖHLE.

NEOPTOLEMOS.

Komm, folge, wenn du willst — Warum verstummst
Du plözlich? welcher Schauder bändigt dich?

FILOKTÄTÄS.

O wehe, wehe!

NEOPTOLEMOS.

Was ist dir? rede!

FILOKTÄTÄS.

Nichts! o laſs uns gehn!

NEOPTOLEMOS.

Sind's deiner Krankheit Qualen, die du zähmſt?

FILOKTÄTÄS.

O nein, erleichtert ſcheint mein Leiden mir. —
Ach, ach ihr Götter!

NEOPTOLEMOS.

Was iſt's, daſs du den Göttern ſeufzend flehſt?

FILOKTÄTÄS.

Daſs ſie, die milden Retter, ſich uns nahn!
O wehe, wehe!

NEOPTOLEMOS.

Was leideſt du? O red' und ſchweige nicht!
Dich überwältigt groſse Qual, ſo ſcheint's.

FILOKTÄTÄS.

Mit mir iſt's aus, mein Sohn! Ach ich vermag's
Euch nicht zu heelen: ohne Rettung iſt
Das jammervolle Elend! wehe mir!
Sohn, das Verderben haſcht mich, wütet, ach!

Unduldbar wütet in mir meine Qual!
O bei den Göttern, Sohn, haſt du ein Schwert,
So treffe dieſen Fuſs: o eile, hau'
Ihn ab, und ſchone meines Lebens nicht!
Wohlan, mein Sohn! — — —

NEOPTOLEMOS.

Ergreift dich plözlich neuer Schmerz, der dich
Zu Jammerklagen und zu Seufzern zwingt?

FILOKTÄTÄS.

Weiſst du's, o Sohn?

NEOPTOLEMOS.

Was iſt's?

FILOKTÄTÄS.

Ich weiſs es nicht!

NEOPTOLEMOS.

Wie weiſst du's nicht?

FILOKTÄTÄS.

O wehe, wehe, Sohn!

NEOPTOLEMOS.

Graunvoll iſt deines Schmerzens Überlaſt.

FILOKTÄTÄS.

Graunvoll und namenlos! Erbarme dich!

NEOPTOLEMOS.

Was ſoll ich thun?

FILOKTÄTÄS.

Verlaſs mich nicht, geſchreckt
Durch meine Pein, die wechſelnd kommt, und wie
Ein wildes Thier, geſättigt wieder flieht.

NEOPTOLEMOS.

Ach Unglückſeliger! es ſtürzt, ſo ſcheint's,
Auf dich des ganzen Unglücks ſchwere Laſt.
Willſt du, daſs meine Hand dich leiten ſoll?

FILOKTÄTAS.

Das nicht, doch nimm den Bogen, welchen du
Noch eben von mir fleheteſt, bis die Wut
Der Krankheit nachläſst, die in mir izt tobt.
Bewahr' ihn und erhalt' ihn: mich ergreiſt
Der Schlaf, ſobald die ſtärk're Qual entflieht;
Eh kommt die Lind'rung nicht; o leide, daſs
Ich ruhig ſchlumm're. Kommen ſie indeſs,

So fleh' ich bei den Göttern dich, laſs ihn
Dir, Sohn, nicht rauben, willig, noch durch Liſt,
Noch durch Gewalt; ruf' das Verderben nicht
Auf mich, den Flehenden, nicht auf dich ſelbſt!

NEOPTOLEMOS.

Getroſt! nur du und ich berühren ihn;
Reich' du ihn mir zu guter Stunde dar.

FILOKTÄTÄS.

So nimm ihn, o mein Sohn! doch flehe du
Des Neides Dämon an, daſs dies Geſchoſs
Für dich nicht unglückſchwanger ſei, ſo wie's
Für mich und ſeinen erſten Herren war.

NEOPTOLEMOS.

Erfüllt es, Götter! gebt uns guten Wind
Und frohe Fahrt, wohin es euch gefällt
Daſs wir das Steuer unſers Zuges drehn!

FILOKTÄTÄS.

Ach eitel, fürcht' ich, Sohn, iſt dein Gebet.
Aus meiner Wunde quillt das ſchwarze Blut
Mit neuem Drang empor. Ach, Ahndungen
Von unempfund'ner Qual erfüllen mich!

O wehe, wehe! — — —
Ach welche Marter giebſt du mir, mein Fuſs!
Ich Armer! immer näher ſchleicht die Peſt.
Ach duldet, duldet, und verlaſst mich nicht!
O wehe, wehe! — Wütete der Schmerz,
Mein Gaſt Odüſſeus, doch in deiner Bruſt!
O wehe wehe! wieder faſst er mich
Von neuem. O ihr Führer eures Heers,
O Agamemnon du, und Menelas,
Wie hättet ihr ſtatt meiner ſolche Qual
So lang erduldet? Ich Unſeliger!
O Tod, o Tod! du, den ich jeden Tag
Anrufe, ach warum erſcheinſt du nicht?
Komm, du mein Sohn, du Edler, nimm mich hin,
Verbrenne mich in dieſer Lämnosglut!
O Edler, thu' es, ſo wie ich es einſt
Dem Sohne Zeus, Härakläs, that für dies
Geſchoſs, das du bewahrſt. Was deucht dich, Sohn?
O rede, Sohn! Du ſchweigſt? Wo biſt du? ach!

834. In der Inſel Lämnos waren feuerſpeiende Berge, deswegen ward ſie für die Schmiedeeſſe Vulkans gehalten.

NEOPTOLEMOS.

Ich ſeufz' und jammer' über deine Qual.

FILOKTÄTÄS.

Sei du getroſt, mein Sohn! Der ſcharfe Schmerz
Ergreift mich plözlich, und verläſst mich bald.
Erhör mein Flehen, o verlaſs mich nicht!

NEOPTOLEMOS.

Getroſt! wir bleiben!

FILOKTÄTÄS.

Bleibſt du?

NEOPTOLEMOS.

Warlich ja!

FILOKTÄTÄS.

Ich wag' es nicht zu bitten, daſs du ſchwörſt.

NEOPTOLEMOS.

Es wäre Frevel ohne dich zu gehn.

FILOKTÄTÄS.

Gieb deine Hand.

NEOPTOLEMOS.

Ich bleib', hier haſt du ſie!

FILOKTÄTÄS.

O dorthin, dorthin!

NEOPTOLEMOS.

Was?

FILOKTÄTÄS.

Empor, empor!

NEOPTOLEMOS.

Was blickſt du ſinnlos ſo gen Himmel auf?

(Er greift ihn an.)

FILOKTÄTÄS.

O laſs mich, laſs mich!

NEOPTOLEMOS.

Was?

FILOKTÄTÄS.

O laſs mich los!

NEOPTOLEMOS.

Ich laſs' dich nicht.

FILOKTÄTÄS.

Todt bin ich, rührſt du mich!

NEOPTOLEMOS.

So gehe! Biſt du minder ſinnlos nun?

FILOKTÄTÄS.

O Erde, nimm mich auf, mich Sterbenden!
Ich ſink'! Es überwältigt mich die Qual.

NEOPTOLEMOS.

Nicht lange mehr, ſo wird der Schlummer ihn
Ergreifen: ſeht, es neigt ſich ſchon ſein Haupt,
Der Schweiſs entſtrömt den Gliedern, und es quillt
Aus aufgeriſs'ner Ader ſeines Beins
Das ſchwarze Blut. O Freunde, laſst ihn ruhn,
Daſs ihm der Schlaf ein ſanſtes Labſal ſei.

CHOR.

STROFE.

Schlummer, der du nicht die Schmerzen,
Nicht die Sorge kennſt,
O du Labung unſers Lebens,
Komm in ſanſtem Hauch!

Athme, milder Gott, den Segen
Deiner Ruh' auf ihn,

Schirme für das Licht die Wimper,
Sei des Kranken Arzt!

(An Neoptolemos.)

Und du, Heldenjüngling, schaue,
Wo du stehst, wohin
Deine Tritte wallen, prüfe,
Was dir sei zu thun!

Säumen wir noch? Giebt die reife
Thatenstund' uns nicht
Mehr, als aller kluge Rathschluss,
Zur Erfüllung Kraft?

NEOPTOLEMOS.

Was wir reden höret er nicht! Die Beute des Bogens
Ist umsonst, wenn er selber mit uns gen Troja nicht wegschifft.
Ihm gebühret die Krone des Sieges, ihn fodert Apollon.
Schmach wär's, lügend zu prahlen mit unvollkommenen Werken.

CHOR.

GEGENSTROFE.

Sei getroſt! die Götter walten
Über ihren Spruch . . . .
Aber, Sohn, mit leiſer, leiſer
Stimme rede du!

Aller Kranken Schlummer fleugt auf
Leichtem Fittig weg,
Iſt Betäubung und nicht Schlummer,
Schnell erwacht ihr Blick.

Prüf' und wähle, was das Beſte
Sei für dich zu thun;
Wir gehorchen deinem ſtillen
Wink', und ſind bereit.

Iſt dein Wille jenes Wille,
O ſo ſäumſt du nicht:
Doch bei ſolchen Thaten ſchwankt des
Weiſeſten Entſchluſs.

v. 892. Jenes, Odüſſeus.

DAS GANZE CHOR.

Lüſte, die das Glück dir ſendet,
Athmen dir, o Sohn!
Schau', er liegt, wie in der Nächte
Schatten, hülflos da;

Feſt geſchloſſen iſt ſein Auge,
Hand und Fuſs iſt ſtarr.
O willkommen iſt ſein Schlummer
Uns zur ſchnellen Flucht!

Wie ein Raub des nahen Grabes,
Blickt er, ächzt er! — Laſs
Uns ihn greifen! Wenn die Furcht nicht
Schreckt, geräth die That.

NEOPTOLEMOS.

Schweigt, ſag' ich, und es ſink' euch nicht der Mut:
Er wendet ſeine Augen, hebt das Haupt.

FILOKTÄTÄS.

O ſüſses Licht, das auf den Schlummer folgt!
O über alle Hofnung theurer Schuz
Der Freunde! Nimmer hätte das mein Wunſch

Gehoſt, daſs du dich meiner Qual ſo mild'
Erbarmen, mich bewahren, und mir Troſt
Und Hülfe geben würdeſt, o mein Sohn!
Das hätten warlich die Atreiden nicht,
Die hochgeprieſ'nen Feldherrn, nicht gethan.
Doch du biſt edel und aus edlem Stamm'
Entſproſst, dich ſchreckte nicht mein Wehgeſchrei,
Und nicht der Ekel, den die Wunde giebt.
Nun, da ich Lind'rung und die kurze Ruh'
Der Schmerzen fühle, hilf mir auf, mein Sohn,
Und laſs, wenn die Ermattung weicht, zum Schiff'
Uns eilen, und nicht zaudern mit der Fahrt.

NEOPTOLEMOS.

Wie freu' ich mich, dich, o das hoſt' ich nicht,
Mit oſnem Auge, athmend, ſchmerzenlos
Zu ſehen, dich, den alle Zeichen ſchon
Des Todes Raub zu ſein verkündeten!
Erhebe nun dich! oder willſt du, daſs
Dich jene tragen? Mühlos iſt's für ſie,
Und willig thun ſie's, wenn's uns beſſer dünkt.

FILOKTÄTÄS.

Ich preiſe, Sohn, dich! Richte du mich auf;
Laſs jene mir nicht nahen, daſs nicht, eh'
Es Noth iſt, meiner Wunde Peſtgeruch
Sie quäle: ach der Plage wird genug
Durch meine Gegenwart im Schiff' euch ſein!

NEOPTOLEMOS.

Es ſei! komm, hebe dich empor und ſteh.

FILOKTÄTÄS.

(Er ſteht mit Mühe auf.)

Getroſt! Die lange Noth hat mich's gelehrt.

NEOPTOLEMOS.

Ihr Götter, ach was iſt mir nun zu thun?

FILOKTÄTÄS.

Was iſt dir, welches Wort entfällt dir, Sohn?

NEOPTOLEMOS.

Wie leit' ich meinen ſchwankenden Entſchluſs?

FILOKTÄTÄS.

Was heiſst dich ſchwanken, das du mir verbirgſt?

NEOPTOLEMOS.

In Sorg' und Kummer bin ich tief verſenkt!

FILOKTÄTÄS.

Dich reizt doch meiner Krankheit Plage nicht,
Mir zu verweigern deines Schiffes Fahrt?

NEOPTOLEMOS.

Ach ſchwer iſt alles dem, der die Natur
Verläſst, und thut was ihm zu thun nicht ziemt!

FILOKTÄTÄS.

Doch dein und deines Vaters iſt es nicht
Unwürdig, eines Edlen Troſt zu ſein.

NEOPTOLEMOS.

Arg werd' ich ſcheinen; das iſt's, das mich quält.

FILOKTÄTÄS.

Nicht was du thuſt, mich ängſtigt was du ſagſt!

NEOPTOLEMOS.

Was thu' ich, Zeus? Zwiefach iſt meine Schuld,
Ich heel', und ſage, was die Pflicht verbeut!

FILOKTÄTÄS.

Iſt's böſer Argwohn, oder will er mich
Verrathen? zeucht er ohne mich davon?

NEOPTOLEMOS.

Ich laſs' dich nicht! doch fürcht' ich gröſsre Noth
Iſt dir beſtimmt, wenn du mein Schiff beſteigſt.

FILOKTÄTÄS.

Was ſagſt du? Ich verſteh' dich nicht, mein Sohn.

NEOPTOLEMOS.

Dir ſei es kund, du muſst gen Troja ziehn!
Zu Atreus Söhnen und dem Griechenheer!

FILOKTÄTÄS.

O wehe!

NEOPTOLEMOS.

Seufze nicht bis daſs du weiſst — —

FILOKTÄTÄS.

Was ſoll ich wiſſen? Sprich, was ſoll ich thun?

NEOPTOLEMOS.

Aus deinen Leiden rett' ich dich zuerſt,
Und dann verheer' ich Ilion mit dir.

FILOKTÄTÄS.

Iſt das in Wahrheit dein Entſchluſs?

NEOPTOLEMOS.

Mich zwingt
Des Schickſals Wille; zähme deinen Zorn!

FILOKTÄTÄS.

Aus iſt's mit mir! Wie konnteſt du mich, ach
Mein Gaſt! verrathen? — Gieb mir mein Geſchoſs!

NEOPTOLEMOS.

Ich darf nicht! Recht und Vortheil will, daſs ich
Gehorche, wenn der Herrſcher Wort gebeut.

FILOKTÄTÄS.

Du Peſt und Graun der Menſchen! frevelnder
Erſinner arger Liſt, was thuſt du mir?
O wie bethörſt du mich, Schaamloſer! mich,
Der flehend deine Kniee dir umfaſst!
Gottloſer, o mit meinem Bogen raubſt
Du mir das Leben — Gieb, ich flehe dir,
Mein Sohn, ich flehe dir, gieb ihn zurück!
Bei unſrer Väter Göttern, raub' ihn nicht!

Ach ich Unſeliger! er ſchweigt, und ſchaut
Mit einem Blick mich an, der's mir verſagt.
O Meer, o Vorgebirge, Felsgeſtad',
O ſchaumgeſchlag'ne Klippen, und ach ihr
Der Berge Thiere, meiner Einſamkeit
Genoſſen, euch, die ihr mein Leiden kennt —
Ach wem vermöcht' ich's ſonſt! — klag' ich allein
Den Frevel, den Achilleus Sohn vollbringt!
Der ſchwur mich heim zu führen, und mich nun
Gen Troja zeucht, der ſeine Rechte mir
Zum Pfande gab, mein heiliges Geſchoſs,
Zeus Sohns, Härakläs Bogen, ach! mir raubt,
Und mich zur Schau den Griechen zeigen will,
Als hab' er einen Starken mit Gewalt
Ergriffen. Weiſs er's nicht, daſs ſeine Hand
Den Todten tödtet, mich, den Schemen, mich,
Des Rauches Schatten? Hätt' ich meine Kraft,
Vergebens wagt' er, was er nun mit Liſt
Nur wagen darf. O weh', ich bin bethört!
O gieb ihn wieder, ſei du der du warſt! —
Was ſagſt du? Ich Unſeliger, du ſchweigſt!
Säuſelnde Felſenhalle, ach ſo muſs
Ich wieder zu dir fliehen nahrungslos,

Und nackt! Ach einſam werd' ich in der Kluft
Verſchmachten, keinen Vogel und kein Wild
Wird mir mein Bogen tödten, ſterbend werd'
Ich ſelbſt der Thiere Speiſe ſein, die mich
Einſt nährten, meines Raubes eigner Raub,
Und büſsen wird mein Tod für ihren Tod!
Du, den kein Argwohn zeihte, thuſt mir das?
Noch fluch' ich dir nicht; laſs dich deine That
Gereun! wo nicht, ſo ſtirb des Frevlers Tod!

CHOR.

Entſcheide, König, ob wir unſer Schiff
Nun löſen, oder thun was dieſer fleht.

NEOPTOLEMOS.

Der bittre Jammer über dieſen Mann
Ergreift nicht izt mich, lange thut er's ſchon.

FILOKTÄTÄS.

O bei den Göttern, Sohn, erbarme dich,
Und meide du der Argliſt böſe Schmach!

NEOPTOLEMOS.

Was ſoll ich thun? Ach hätt' ich Sküros nie
Verlaſſen! Weh' mir, welcher Schmerz iſt mein!

FILOKTÄTÄS.

Du biſt kein Böſer; Böſe haben dich
Verleitet: richte deinen Trug auf den,
Der ihn verdient! — Gieb mein Geſchoſs mir ſchnell,
Und geh! — Noch ſäumſt du, giebſt mir's nicht zurück?

NEOPTOLEMOS.

Was thun wir? . . . .

DIE VORIGEN. ODÜSSEUS, DER SCHNELL HINZU KOMMT.

ODÜSSEUS.

(an Neoptolemos.)

Was wir thun, du feiger Menſch?

FILOKTÄTÄS.

O weh! — Wer iſt's? hör' ich Odüſſeus nicht?

v. 1022. Ich bin hier der ſehr wahrſcheinlichen Lesart der Gedikiſchen Ausgabe gefolgt.

ODÜSSEUS.

Odüſſeus ſelber iſt's, den du erblickſt.

FILOKTÄTÄS.

O weh'! ich bin verkauft! vernichtet, ach!
Sein iſt die Liſt und ſein des Bogens Raub!

ODÜSSEUS.

Ich bin's, kein andrer; hör' es von mir ſelbſt!

FILOKTÄTÄS.

Gieb mir den Bogen wieder, o mein Sohn!

ODÜSSEUS.

Und wollt' er's, darf er nicht; du ſelber komm
Mit uns, ſonſt zeucht dich die Gewalt von hier.

FILOKTÄTÄS.

Verweg'ner, o der Argen Ärgſter! mich,
Mich mit Gewalt?

ODÜSSEUS.

Wenn du nicht willig gehſt.

FILOKTÄTÄS.

O Lämnoseiland! O allmächtige

Häfaiſtoseſſe, ſchau', unduldbar iſt's,
Wenn dir mich dieſer mit Gewalt entzeucht!

ODÜSSEUS.

Zeus, wiſs' es, Zeus der Erdenherrſcher, Zeus
Gebeut es, und ich folge dem Gebot.

FILOKTÄTÄS.

Verruchter, was? die Götter ſollen dir
Ein Vorwand ſein? zu Lügnern machſt du ſie?

ODÜSSEUS.

Sie reden wahr, und zeigen dir den Pfad.

FILOKTÄTÄS.

Das leugn' ich dir!

ODÜSSEUS.

Und ich bezeug' es wahr!

FILOKTÄTÄS.

O weh' ich Armer! Alſo hat zum Knecht,
Zum Freien nicht, mein Vater mich gezeugt!

ODUSSEUS.

Nein, gleich den erſten Herrſchern harret dein,
Zu ſtürzen Ilion mit ſtarkem Arm.

FILOKTÄTÄS.

O nimmer, drohte mir gleich gröſs're Qual,
So lang' auf Klippen dieſes Eiland ruht!

ODÜSSEUS.

Was willſt du thun?

FILOKTÄTÄS.

Vom Felſengipfel ſtürz'
Ich mich herab, zerſchmettre mir das Haupt.

ODÜSSEUS.

(an das Chor.)

Ergreift ihn, und verwehrt ihm das zu thun.

(Das Chor ergreift ihn.)

FILOKTÄTÄS.

O Hände, welche Schmach erduldet ihr
Von ihm, der liſtig meinen Bogen ſtahl!
Du, der was rein und edel iſt nicht kennt,
O wie verfolgſt du, wie betrügſt du mich!
Der du zur Hülle deines Frevels wählſt
Den unbekannten Jüngling, deſſen du
Nicht werth biſt, der dir minder gleicht als mir,
Der nur gethan hat, was du ihm befahlſt,

Und den, das ſiehſt du, izt die Reue quält,
Daſs ſeine That mich in's Verderben ſtürzt.
Dein arger Sinn, der ſtets aus Klüften lauſcht,
Hat dieſen Unerfahrnen, Sträubenden
So wohl gelehrt, daſs ihm die Liſt gelang.
Nun willſt du mich, gefeſſelt, mit Gewalt,
O Frevler, dem Geſtad' entziehn, wohin
Du einſt mich hülflos, nackt, und einſam warfſt,
Mehr todt als lebend! O es haſche dich
Der Fluch! das fleht' ich oft ſchon, doch umſonſt;
Die Götter weigern jede Tröſtung mir:
Du lebſt in Freuden, ach und ich in Qual,
Und dieſes Jammerlebens lachſt du noch,
Du und die Feldherrn, deren Knecht du biſt.
Du hüllteſt dich in Liſt, und an das Joch
Der Übermacht gefeſſelt, ſchiffteſt du
Mit ihnen, ach! und mich, der ohne Zwang
Auf ſieben Schiffen fuhr, verbannten ſie;
So ſagſt du, doch ſie geben dir die Schuld.

v. 1074. Odüſſeus ſtellte ſich von Sinnen, um nicht mit den verbündeten Fürſten gen Troja zu ziehen: die Liſt ward entdeckt, und er gezwungen jene zu begleiten.

Und nun? was zeucht ihr mit Gewalt mich fort,
Mich Schatten, der ich längſt bin todt für euch?
Du, den die Götter haſſen! ach nun ſchreckt
Mein lahmer Fuſs und ſeine Wund' euch nicht!
Wie wollt ihr, ſchiff' ich mit euch, unentweiht
Die Opfer zünden, träufeln Göttertrank?
Das war dein Vorwand, als ihr mich vertriebt.
Fluch, böſer Fluch; euch, deren Frevel mich
Verfolgt, wenn bei den Göttern Recht noch gilt!
Ha! dieſer Fluch iſt's! und ihr hättet hier
Nicht hergeſteu'rt, für mich Unſeligen,
Wär's nicht ein Götterſtachel, der euch treibt.
O Muttererde, o ihr Götter, die
Ihr alles ſchaut, o endlich, endlich ſtraft,
Erbarmt euch mein, und ſtraft ſie! Elend iſt
Mein Leben; aber ſäh' ich, daſs der Fluch
Sie träfe, würde jede Qual entfliehn!

CHOR.

Heftig iſt dieſer Mann, und ſeine Red'
Iſt heftig, ungebeugt durch ſeine Noth!

ODÜSSEUS.

Auf seine Rede, wenn es nüzte, könnt'
Ich viel erwiedern; dieses sei genug:
Ich handle, heischt die Pflicht es, wie ich that.
Doch wo's des edlen, frommen Manns bedarf,
Da findst du keinen redlicher als mich.
Zu jedem Sieg bin ich gewohnt, dich nur
Besieg' ich nicht, ich weiche willig dir.

(an das Chor.)

Lasst, und berührt nicht ferner diesen Mann;
Er bleibe, lüstet's ihn! und warlich dein
Bedürfen wir bei deinen Waffen nicht:
Wir haben Teukros, der die Kunst versteht;
Auch ich, das wähn' ich, spanne dein Geschoss
Mit dieser Hand nicht minder als du selbst.
Was brauchen wir dich? Lebe wohl, und irr'
In Lämnos. — Kommt, wir gehn! Vielleicht wird mir
Des Ruhmes Preis, der dir bestimmt schon war.

FILOKTÄTÄS.

O weh! was soll ich thun? Es sollte dich
Das Heer mit meinen Waffen strahlen sehn?

ODÜSSEUS.

Erwiedre nichts; ich bin zur Fahrt bereit.

FILOKTÄTÄS.

Achilleus Spröſsling, würdigſt du mich nicht
Der Rede? gehſt du ſprachlos weg von mir?

ODÜSSEUS.

(an Neoptolemos.)

Geh du! Schau' ihn nicht an, ſo edel du
Auch biſt, daſs du nicht unſer Glück zerſtörſt.

FILOKTÄTÄS.

(an das Chor.)

Auch ihr wollt, meine Gäſte, einſam mich
Verlaſſen? Nah't ſich kein Erbarmen euch?

CHOR.

Der Jüngling, den du ſchauſt, iſt unſers Schiffs
Beherrſcher, und wir reden wie er ſpricht.

NEOPTOLEMOS.

(an das Chor.)

Odüſſeus tadle nur, daſs Mitleid mir
Im Herzen wohne! — Bleibet, wenn es ihm
Gefällt, bis unſer Schiff zur Fahrt bereit,
Und unſer Götterflehn vollendet iſt:

Es neigt vielleicht zu beſſerm Vorſaz ſich
Indeſs ſein Sinn. Wir beide gehen nun,
Und ſchnell, ſobald wir rufen, folgt ihr uns.

(Odüſſeus und Neoptolemos gehen.)

FILOKTÄTÄS.

ERSTE STROFE.

Ach du luſtiges Felſengewölbe, du Halle, die Kühlung
Mir in der Hiz' und im Froſt labende Wärme mir giebt,
Alſo werd' ich dich nimmer, ich Sohn des Unglücks, verlaſſen,
Noch im Tode wirſt du Hülfe des Freundes mir ſein!
Ich Unſeliger! wehe mir! und wehe, du Höhle,
Jammererfüllte, auch dir, Zeugin der bitterſten Qual!
Ach wo ſamml' ich in kommenden Tagen die Nahrung des Lebens,

Ach wo iſt, der das Brod darbendes Hungers mir reicht?
Wo iſt alle Hofnung? O daſs mich die Adler gen Himmel
Trügen im Sauſen des Sturms, denn ich erduld' es nicht mehr!

CHOR.

ZWOTE STROFE.

Du rufſt dein Elend, Unglückbelaſteter,
Auf dich, du ſelbſt! dir droht nicht die Übermacht,
Dein war die Wahl, doch du verſchmähteſt
Weiſeres Glück und erwählteſt Jammer!

FILOKTÄTÄS.

ERSTE GEGENSTROFE.

Ach ich Auserkohrner zum Elend! es ſtürzen der Leiden
Mehr, und ſchwerere ſtets über den Sinkenden hin.
Ach nun wird mich auf ewig, von allen Menſchen verlaſſen,

Hier in den Klüften des Grauns einſam ergreifen der Tod.
Wehe! nun kehr' ich nicht heim mit der Speiſe des Raubes, nun hemm' ich
Schwebender Fittige Flug nimmer mit Arm und Geſchoſs.
Ach mich hat das Gewebe der ungeahndeten Ränke
Täuſchend umſchlungen! — O ſchaut' ich den Erſinner des Trugs,
Schaut' ich ihn doch belaſtet mit meinen Qualen, und träfen
Gleiche Zeiten wie mich Flüche des Schikſals auch ihn!

CHOR.

ZWOTE GEGENSTROFE.

Der Götter Wille feſſelt mit Banden dich,
Nicht unſrer Hände täuſchende Neze thun's;
Bewahre deine Racheflüche
Andern! verſtoſse nicht unſre Freundſchaft!

FILOKTÄTÄS.

DRITTE STROFE.

Wehe, wehe! nun sizt er am schäumenden Wogengestade,
Spottet mein, und schwingt wehe! mit trozendem Arm
Meinen lebenerhaltenden Bogen, ich Jammerbeladner!
Ihn, den des Fremdlings Hand nimmer entweihend erhub!
O geliebter Bogen, du Preisgeschenk des Härakläs,
Du, den des Frevels Gewalt mir aus den Händen entriss,
Gab dir Gefühl die Natur, so jammerst du, Bogen, und schauest
Sehnsuchtsvoll nach mir, ach dem du förder nicht dienst!
Wehe des schnöden Wechsels! die Hände des Listenersinners
Tasten dich nun, und du schaust seiner Bethörungen Schmach,

Ach und du siehest ihn selber, den Mann des Hasses, Odüsseus,
Der unzählige Qual über mein Leben ergoss.

CHOR.

VIERTE STROFE.

Dem edlen Manne ziemt es gerechtes Wort
Zu reden, ziemt es, wenn er gerechtes Wort
Des edlen Mannes hört, der Zunge
Stachel zu hemmen, den Hasserwecker.

Der Väter Rathschluss sendet Achilleus Sohn:
Er kommt, und Weisheit leitet des Helden Schritt,
Der Siegstriumf den Streitgenossen
Bringt, und dem Feinde der Knechtschaft Fessel.

FILOKTÄTÄS.

DRITTE GEGENSTROFE.

Fittigschwebende Beute des Pfeils, und Gebirgebewohner,
Wilde Geschlechte, verbannt Schrecken und bebende Scheu!
Nahet der Felsenkluft, o flieht nicht! es spannen wie vormals

Diese Hände die Kraft meiner Geschosse nicht mehr.
Ach ich Sohn des Verderbens! von keinem Schuze gesichert
Ist mein Lager! o kommt furchtlos, ihr Thiere, herzu!
Eilet und sättigt den lechzenden Schlund mit dem Morde der Rache,
Kommt und nagt mein Gebein, lecket, o Thiere, mein Blut!
Ach nun bald verlischt in meinen Gliedern das Leben,
Denn wie vermag ich die Noth zehrendes Hungers zu fliehn?
Können, wenn mir die Erde, die lebenschenkende Mutter,
Ihre Gaben versagt, Speise die Lüfte mir sein?

CHOR.

VIERTE GEGENSTROFE.

O bei den Göttern! wenn dir noch heilig ist
Der Freunde Gastrecht, hör' uns und nahe du

Mit ſanftem Flehn Ihm; wiſſe dein iſt,
Willſt du ſie wählen, die Flucht der Qualen!
Willſt du des Jammers Pfleger dir ſelber ſein?
O Thorheit iſt es, ſchwerer der Leiden Laſt
Sich ſelbſt zu häufen, dem auf deſſen
Herde das Elend ſich bleibend ſezte!

FILOKTÄTÄS.

Rufet ihr wieder, wieder mir zurück
In's Gedächtniſs meinen alten Schmerz?
O ihr liebſten meiner Gäſte, warum
Stürzt ihr in's Verderben mich hinein?

CHOR.

Was ſagſt du?

FILOKTÄTÄS.

Hoft ihr gen Troja, des Haſſes Stadt,
Mit euch mich zu ziehn?

CHOR.

Wir glauben's das Beſte für dich.

FILOKTÄTÄS.

So weichet plözlich von mir!

CHOR.

Willkommene Worte ſagſt du uns,
Du gebeutſt uns was wir willig thun.
Laſst uns gehn,
Laſst uns gehn
Zu dem Schiſſe, wie uns befohlen ward!

FILOKTÄTÄS.

O nein, bei Zeus, der Flehenden Schuz!

CHOR.

So mäſsige dich!

(Das Chor will gehen.)

FILOKTÄTÄS.

O ihr Gäſte, bei den Göttern, bleibt!

CHOR.

Was rufſt du?

FILOKTÄTÄS.

Ach wehe! o mein Schickſal, ach!
Ich Unglücklicher bin dahin!
O mein Fuſs, mein Fuſs! was vermag
Ich zu thun ſo lange mein Leben dau'rt?
Kehret wieder, o Freunde, kommt!

CHOR.

Was zu thun, wenn dein Vorſaz derſelbe iſt,
Wenn du, wie du dich zeigteſt, ferner dich zeigſt?

FILOKTÄTÄS.

Dürſt ihr dem zürnen, den der Sturm
Seiner Leiden entſchleudert der Bahn,
Wenn er ſinnlos redet wider die Vernunſt?

CHOR.

Elender, gehe nun, wir gebieten es dir!

FILOKTÄTÄS.

Nie, nie! feſt iſt mein Entſchluſs,
Nie! und käme der flammende Donnerer Zeus
Mit den Gluten des Blizgeſchoſſes herab!
Es verderbe Ilion, und die ganze Kriegerſchaar,
Die mich zu verbannen mein Fuſs bewog!
O ihr Freunde, gewährt mir nur Einen Wunſch.

CHOR.

Welchen? o ſprich!

FILOKTÄTÄS.

Hat jemand ein Schwert, eine Axt,
Ein Geſchoſs, der bringe mir's her.

CHOR.

Was erſinnſt du zu thun?

FILOKTÄTÄS.

Zu wüten gegen Glieder und Haupt;
Nach Tod, Tod ſehnt ſich mein Herz!

CHOR.

Warum?

FILOKTÄTÄS.

Ich ſuche meinen Vater.

CHOR.

Und wo?

FILOKTÄTÄS.

In dem Hadäs, denn er ſchauet nicht mehr das Licht.
O meine Stadt, meine Vaterſtadt,
Wie kann ich Elender dich wiederſehn?

Deine heiligen Gewäſſer verlieſs ich, und zog
Ein Helfer wider den Feind! aus iſt's mit mir!

(Er geht in die Höhle.)

CHOR.

Schon lange wären wir zurückgeeilt
Von hier zum Schiffe, ſäh'n wir nicht, daſs uns
Odüſſeus und der Sohn Achilleus nah'n.

DIE VORIGEN. NEOPTOLEMOS, MIT EILE KOMMEND. ODÜSSEUS IHM FOLGEND.

ODÜSSEUS.

(zu Neoptolemos.)

Verſchweigſt du mir, warum du wiederkehrſt,
Und dieſen Weg mit ſolcher Eile läufſt?

NEOPTOLEMOS.

Ich löſe ſühnend mich von meiner Schuld.

ODÜSSEUS.

Ich ſtaune! Sprich, was war dein Frevel denn?

NEOPTOLEMOS.

Gehorſam gegen dich und unſer Heer.

ODÜSSEUS.

Und welche Schandthat haſt du denn vollbracht?

NEOPTOLEMOS.

Mit ſchnöden Ränken hab' ich ihn beſiegt.

ODÜSSEUS.

Wen? O erſinnſt du doch nichts neues uns?

NEOPTOLEMOS.

Nichts neues: Pöas edlem Sohn will ich —

ODÜSSEUS.

Was willſt du thun? Ach mich ergreift die Furcht!

NEOPTOLEMOS.

Den Bogen, den ich raubte, ihm zurück —

ODÜSSEUS.

O Zeus! zurück ihm geben! willſt du das?

NEOPTOLEMOS.

Mit Schmach und Unrecht hab' ich ihn geraubt.

ODÜSSEUS.

Sagſt du's, daſs mich dein Vorwurf kränken ſoll?

NEOPTOLEMOS.

Ja, wenn die Wahrheit ſagen Kränkung iſt.

ODÜSSEUS.

Was ſagſt du, und was willſt du, Sohn Achills?

NEOPTOLEMOS.

Sag' ich's zum zweiten und zum dritten Mal?

ODÜSSEUS.

Ach hätt' ich's nicht das erſte Mal gehört!

NEOPTOLEMOS.

So wiſſe, alles hab' ich dir geſagt.

ODÜSSEUS.

Doch jemand iſt, der dir's zu thun verbeut.

NEOPTOLEMOS.

Was ſagſt du? wer verbeut mir meine That?

ODÜSSEUS.

Das ganze Griechenheer, und ich in ihm.

NEOPTOLEMOS.

Du biſt ſo weiſe, doch du ſprichſt nicht ſo!

ODÜSSEUS.

Du biſt nicht weiſ' im Reden noch im Thun.

NEOPTOLEMOS.

Gerechtigkeit iſt mehr denn kluge Liſt.

ODÜSSEUS.

Iſt's recht, was du durch meinen weiſen Rath
Empfingſt, zurückzugeben?

NEOPTOLEMOS.

Meine Schuld,
Die Schmach des Frevels, wälz' ich ab von mir.

ODÜSSEUS.

Und fürchteſt du denn nicht der Griechen Heer?

NEOPTOLEMOS.

Ich thu' was recht iſt, kenne keine Furcht,
Und deine Hand ſtürzt meinen Vorſaz nicht.

ODÜSSEUS.

So ſtreiten wir ſtatt Ilions mit dir.

NEOPTOLEMOS.

Die Zukunſt komme!

ODÜSSEUS.

Schauſt du meine Hand
An meines Schwertes Heft?

NEOPTOLEMOS.

Ich bin bereit,
Und ohne Zaudern thu' ich was du thuſt.

ODÜSSEUS.

Wohlan, ich laſſe dich, und geh', und ſag's
Dem ganzen Heer; das ſoll mein Rächer ſein!

(Er geht ab.)

NEOPTOLEMOS.

(ihm nachrufend.)

Nun biſt du weiſe: bleibeſt du's, ſo magſt
Du jammerlos vielleicht durch's Leben gehn! —
O Filoktätäs, höre, Pöas Sohn,
Verlaſs dein Felſendach und tritt heraus!

NEOPTOLEMOS. FILOKTÄTÄS.

FILOKTÄTÄS.

(aus der Höhle kommend.)

O welch Getöſe ſchallt vor meiner Kluft?
Was ruft ihr mich hinaus? was fodert ihr?
Ach wehe! welche Bosheit! Kommt ihr her,
Mit neuer Qual zu mehren meine Qual?

NEOPTOLEMOS.

Sei gutes Mut's, und öfne mir dein Ohr!

FILOKTÄTÄS.

Mich hält die Furcht. Mit glattem Wort haſt du —
Ich traute dir! — in's Elend mich geſtürzt!

NEOPTOLEMOS.

Hat denn die Reue keine Wiederkehr?

FILOKTÄTÄS.

So voll Vertraun, das deine Tücke barg,
War deine Red', als du den Bogen ſtahlſt!

NEOPTOLEMOS.

Nun nicht alſo. Ich komm' und frag', ob du
Hier dulden, oder mit uns ſegeln willſt?

FILOKTÄTÄS.

O schweig'! Umsonst ist alles, was du sagst!

NEOPTOLEMOS.

Bist du entschlossen?

FILOKTÄTÄS.

Fester als mein Wort!

NEOPTOLEMOS.

Dich zu bereden kam ich; willst du mich
Nicht hören, wohl! so geh' ich schweigend weg.

FILOKTÄTÄS.

Umsonst ist alles, was du sagst; mein Herz
Wird nimmermehr dein Freund. O der du mir
Den Bogen, und mit ihm mein Leben raubst,
Und mich mit Heuchelrath zu täuschen kommst,
Des besten Vaters ärgster Sprosse, Fluch
Ergreife die Atreiden erst, und dann
Laertäs Sohn, und dich!

NEOPTOLEMOS.

O fluch' mir nicht!
Empfahe dein Geschoss aus meiner Hand.

FILOKTÄTÄS.

Was ſagſt du? Täuſcht mich wieder neue Liſt?

NEOPTOLEMOS.

Ich ſchwör's bei Zeus, der Götter höchſtem Gott!

FILOKTÄTÄS.

O liebe Worte, wenn ſie Wahrheit ſind!

NEOPTOLEMOS.

Die That enthüllt es — Strecke deine Hand
Nach deinen Waffen aus, und habe ſie!

(Er giebt Filoktätäs Bogen und Pfeile.)

DIE VORIGEN. ODÜSSEUS, DER PLÖZLICH ZURÜCK-KOMMT.

ODÜSSEUS.

Ich wehr' es! zeugt's ihr Götter! wehr' es dir
Im Namen der Atreiden und des Heers!

FILOKTÄTÄS.

Sohn, weſſen Stimme? Iſt's Odüſſeus, den
Ich höre?

ODÜSSEUS.

Ja, ich bin's, und nahe ſchauſt
Du den, der mit Gewalt gen Ilion
Dich zeucht, es woll' es jener oder nicht!

FILOKTÄTÄS.

Du wirſt dich nicht erfreun, trift dieſer Pfeil.

(Er will gegen Odüſſeus zielen.)

NEOPTOLEMOS.

Nein, bei den Göttern, ſende kein Geſchoſs!

FILOKTÄTÄS.

Laſs meine Hand mir frei, ich fleh' dir, Sohn!

NEOPTOLEMOS.

Ich laſs' ſie nicht!

FILOKTÄTÄS.

Ach was verwehrſt du mir
Mit dieſem Pfeil zu tödten meinen Feind?

NEOPTOLEMOS.

Es wäre Schmach für mich und Schmach für
dich.

FILOKTÄTÄS.

Das ſag' ich dir: die Fürſten eures Heers
Sind Lügenprahler nur, ſind Feiglinge
Im Speergemeng', in Worten voller Truz!

NEOPTOLEMOS.

Genug! du haſt den Bogen, und es frommt
Der Zorn dir nicht, der Tadel mir erweckt.

FILOKTÄTÄS.

Ich lobe deinen Rath. Du zeigſt den Stamm,
Dem du entſproſsteſt: Siſüfos war nicht,
Achilleus war dein Vater, welcher einſt
Der Erſte aller Menſchen war, und nun
Im Hadäs aller Schatten Erſter iſt.

NEOPTOLEMOS.

Mit Freud' erfüllt mich meines Vaters Lob
Und meins! doch höre nun, was ich von dir
Begehre: Jedes Schickſal, welches uns
Die Götter ſenden, muſs der Sterbliche
Geduldig tragen; doch wer ſelbſt in Noth,
In freigewählte Noth ſich ſtürzt, wie du,
Verdienet nicht Erbarmung, nicht Verzeihn.

Du bist erbittert, hörest keinen Rath,
Und wer dich mit der Liebe Wort ermahnt,
Den hassest du, und schaust als Feind auf ihn:
Doch will ich reden; Zeus Kronion, der
Des Eides waltet, hör' als Zeuge mich!
Das wisse, tief in's Herz schreib' es dir ein:
Die Götter haben deine Krankheit dir
Gesandt, weil du der Tempelhüterin,
Der Schlange, die an ofner Halle lau'rt,
In Chrüsa nahtest; wisse, deiner Qual
Harrt keine Rettung, wenn die Sonn' auch selbst

v. 1358. Tempelhüterin? In Chrüsa, die, den Knoten zu lösen, die Ausleger zur Minerva umschaffen? Unser Dichter scheint, um dem Schicksale seines Helden noch mehr Feierlichkeit zu geben, auf den Glauben anzuspielen: dass sich eine heilige Schlange, eine Wächterin des Pallastempels, in der Burg von Athän aufhalte. Herodot erzählt: die Athänienser wären mit desto grösserer Zuversicht aus ihrer Stadt gezogen, weil ihnen die, von dieser Schlange sonst immer verzehrten, damals aber unberührt gebliebenen monatlichen Honigopfer, den Willen der Götter angedeutet hätten.

Auch Aristofanäs erwähnt ihrer:

Kein Auge schliess' ich in der Burg., seit ich
Die Tempelhüterin, die Schlange sah.

Lüsistr. v. 759.

In Weſten ſich erhüb', in Oſten ſänk',
Eh du gen Ilion freiwillig zeuchſt.
Da werden dich die Söhn' Aſkläpios
Von deiner Krankheit heilen, und du wirſt
Mit dieſem Bogen, und mit meiner Hand
Im Bunde, Pergama's Vertilger ſein.
Ich will dir offenbaren wie ich's weiſs:
Wir haben einen Zukunftsſeher aus
Der Feinde Stadt ergriffen, Helenos;
Der ſagt mit hellen Worten, dieſes ſei
Des Schickſals Will', und Troja ſinke noch
In dieſem Sommer unter unſrer Hand.
Er beut ſich frei dem Tode dar, wenn er
Mit falſchem Wort' uns täuſche. — Höre du
Die Wahrheit, und erweiche deinen Sinn!
O welch ein ſchönes Loos, der edelſte
Des Griechenheers ernannt zu ſein, und in
Die Heilungshand der Götterſöhne dich
Zu werfen, Troja's jammervolle Stadt
Zu ſtürzen, und zu ernten hohen Ruhm!

v. 1364. Aſkläpios, Äskulap.

v. 1367. Pergama, das Schloſs von Troja.

FILOKTÄTÄS.

Verhaſstes Leben, o was hältſt du mich
So lang' im Licht hier oben, ſendeſt nicht
Mich in die Gruſt hinab? O weh! was ſoll
Ich thun? Wie kann ich an des Freundes Wort
Mit Argwohn zweifeln, ſeinen Rath verſchmähn?
Gehorch' ich? Soll ich aller Augen mich
Darſtell'n? und wie? und wen vermag ich dort,
Ich Armer! anzureden? — Könntet ihr,
O Himmelskreiſe, die ihr alles ſchaut,
Was uns umgiebt, mich ohne Mitleid ſehn
Bei Atreus Söhnen, meiner Leiden Quell,
Und bei der Erde Fluch, Laertäs Sohn?
Vergang'nes Unglück iſt's nicht, das mich nagt:
Ich ahnde ſchon die Qual, die meiner harrt.
Die Seele, die des Frevels Mutter einſt
Schon war, gebieret neuen Frevel ſtets! —
Ich ſtaune, Jüngling, deſs was du vollbringſt:
Dir ſelber ziemt es nicht gen Ilion
Zu ziehn; und wollt' ich's thun, ſo ſollteſt du
Mir wehren die zu ſehn, die dich mit Schmach
Entehrten, deines Vaters Kleinod dir
Als Raub entzogen. Willſt du, ihr Genoſs,

Mich auch zu ihnen zwingen? O mein Sohn,
O thu' es nicht, erfülle deinen Schwur,
Geleite mich zur Heimat, bleibe ſelbſt
In Sküros, unbeſorgt ob böſes Loos
Den Böſen falle; zwiefach wird mein Dank
Und zwiefach ſein auch deines Vaters Dank.
So wirſt du, Sohn, wenn du den Böſen dich
Entzeuchſt, der Böſen Gleichheit immer fliehn.

NEOPTOLEMOS.

Du redeſt wahr; doch wünſcht' ich mehr, daſs du
Den Göttern trauteſt und auch meinem Rath,
Daſs du von hier mit deinem Freunde zögſt.

FILOKTÄTÄS.

Gen Troja? und zum haſsbeladnen Stamm
Des Atreus? und mit dieſem Qualenfuſs?

NEOPTOLEMOS.

Zu denen, die durch Heilung dein Geſchwär
Dir ſtillen, dich von allem Schmerz befrein.

FILOKTÄTÄS.

Von welcher ſchnöden Sage fabelſt du?

NEOPTOLEMOS.

Wird ſie erſüllt, ſo frommt ſie dir und mir.

FILOKTÄTÄS.

Die Götter hören, und du ſchämſt dich nicht?

NEOPTOLEMOS.

Der ſchämt ſich nicht, der nur auf Hülfe ſinnt.

FILOKTÄTÄS.

Für Atreus Söhne Hülfe oder mich?

NEOPTOLEMOS.

Ich bin dein Freund, und rede nur als Freund.

FILOKTÄTÄS.

Du, der den Feinden mich verrathen will?

NEOPTOLEMOS.

Ach lern' im Unglück nicht zu trozen, Freund!

FILOKTÄTÄS.

Verderben ſtürzt mit deiner Red' auf mich.

NEOPTOLEMOS.

O nein! ich ſage nur, daſs du dich irrſt.

FILOKTÄTÄS.

Die haſſend mich verbannten, kenn' ich wohl.

NEOPTOLEMOS.

Die dich verbannten, rufen dich zurück.

FILOKTÄTÄS.

O nimmer ſchau' ich willig Ilion!

NEOPTOLEMOS.

Was thu' ich hier, wenn meine Reden dich
Nicht rühren? Leichter iſt's, ich ſchweig' und laſs'
Dich leben, wie du lebteſt, ohne Troſt.

FILOKTÄTÄS.

Laſs du mich leiden, was ich leiden muſs;
Was deine Rechte mir verhieſs, daſs du
Mich heimgeleiten wollteſt, das erfüll',
Und zaudre nicht. Sohn, nenne Troja mir
Nicht mehr; zu Thränen zwang ſie mich genug.

NEOPTOLEMOS.

Nun wohlan, ſo laſs uns gehen!

FILOKTÄTÄS.

O du ſprichſt ein edles Wort!

NEOPTOLEMOS.

Stüze deinen Fuſs und ſtehe.

FILOKTÄTÄS.

Ja, ſo ſehr als ich's vermag.

NEOPTOLEMOS.

Wie entflieh' ich ihrem Tadel?

FILOKTÄTÄS.

Achte nicht des Griechenheers.

NEOPTOLEMOS.

Wenn ſie mir mein Land verwüſten?

FILOKTÄTÄS.

Ich, dein Helfer, ſchüze dich!

NEOPTOLEMOS.

Welchen Schuz kannſt du mir geben?

FILOKTÄTÄS.

Dieſe Götterwaffen thun's.

NEOPTOLEMOS.

Sagſt du das?

FILOKTÄTÄS.

Von deinem Lande treiben ſie der Feinde Schaar.

NEOPTOLEMOS.

Thue wie du ſagſt, und küſſe dieſes Land und laſs uns gehn.

ES SENKT SICH EINE WOLKE HERAB, AUF WELCHER HÄRAKLÄS SCHWEBET.

HÄRAKLÄS.

Nicht ehe du habeſt gehört
Meine Worte, o Pöas Sohn!
Wiſſe! es erſchallt deinem Ohr
Häракläs Stimme, ſein Antliz ſchaueſt du.
Aus Liebe für dich komm' ich herab,
Verlaſſe die Wohnungen der Himmliſchen für dich,

Dir zu verkünden Kronions Rath,
Und dir zu verwehren den beſchloſsnen Weg.
Hör', und gehorche meinem Gebot! —
Zuerſt ruf' ich in dein Gemüth zurück
Mein eignes Schickſal, aller Mühen Laſt,
Die ich ertrug, durch die ich mir erwarb
Die hohe Göttertugend, die du ſchauſt.
Auch du muſst viel erdulden, und du muſst
Durch Leiden deines Lebens Ruhm erhöhn;
Gehſt du mit dieſem Mann gen Ilion,
So wirſt du frei von deiner Krankheit Qual,
Es hebt zum erſten Helden in dem Heer
Die Tugend dich, mit meinen Pfeilen raubſt
Du Paris Leben, aller Leiden Schuld,
Zerſtöreſt Ilion, und ſendeſt heim
Zu deinem Vater Pöas, der am Fuſs
Des Öta wohnt, der Beute ſchönſten Preis,
Der ſeines Daches Seulen ſchmücken ſoll.
Doch alle Gabe, die das Heer dir giebt,
Die trage du zu meinem Scheiterberg,
Daſs ſie ein Denkmaal meines Bogens ſei. —
Achilleus Sohn! auch dir ſei dies Gebot,
Denn du vermagſt nicht ohne ihn, und er

Nicht ohne dich zu stürzen Troja's Stadt.
So wie zween Brüderlöwen schüzet euch,
Du ihn, er dich! — Ich send' Askläpios,
Den Heiler deiner Qual, gen Ilion;
Das Schicksal will, dass zweimal mein Geschoss
Sie tilge; doch bedenkt, wenn ihr das Land
Verwüstet, dass ihr fromm die Götter ehrt.
Denn alles andre hält mein Vater Zeus
Geringer; aber selbst im Tode bleibt
Die Frömmigkeit den Menschen; leben sie
Und sterben sie, so blüht sie unverwelkt.

FILOKTÄTÄS.

O der du die gewünschteste Stimme mir
Sendest, du Erscheinender nach so langer Zeit,
Ich gehorche deinem Gebot!

NEOPTOLEMOS.

Und wie er, so auch ich.

v. 1480. Ilion war unter der Regierung Laomedons von Häraklääs eingenommen worden; bei dieser Gelegenheit hatte der Sieger die Tochter des überwundenen Königs seinem Kriegsgefährten Telamon zum Preisgeschenk gegeben, welche die Mutter Teukros ward, wie wir im Ajas gesehen haben.

HÄRAKLÄS.

Säumet nun nicht es zu thun;
Der Hauch der günſtigen Zeit
Weht in die Segel eurer Fahrt.

(Häraklä s verſchwindet.)

FILOKTÄTÄS.

Wohlan! ſcheidend begrüſs' ich dieſes Land.
Höhle, meine Hüterin, lebe du wohl!
Ihr Nümfen der Wieſ' und des Quellenbachs,
Und du, mächtiges Wogengetön,
Das mir oft in den Felſenklüften das Haupt
Mit Schaum benezte, wenn der Süd das Geſtade ſchlug!
O wie oft ſandte, wenn ich der Gewalt
Der ſtürmenden Schmerzen erlag, der Hermäiſche Berg
Mir im Wiederhall meine Klagen zurück!
Nun, o Quellen, o lieblicher Trank,
Verlaſs' ich euch, o euch, die ich nie
Zu verlaſſen gedachte, verlaſs' ich nun!

v. 1501. Alle Berge waren zwar dem Hermäs geheiliget, doch in Lämnos hatte einer beſonders dieſen Namen.

Wogenumfloſſene Lämnos, lebe wohl!
Sende du mich in glücklicher Fahrt,
Wohin das mächtige Schickſal mich führt,
Und der Freunde Rath, und der es beſchleuſst,
Der allesbezwingende Gott!

CHOR.

Laſſet uns eilen alle zugleich,
Die Nümfen zu flehen, daſs ſie uns
Geleiten, die Beſchüzerinnen unſerer Fahrt!

E N D E.

DRUCKFEHLER.

Im ersten Bande.

Seite 4,	*Vers* 7	laut, *lies:* laut:
— 23,	— 271	schillt *lies:* schilt
— 33,	— 418	beürhre *lies:* berühre
— 50,	— 716	Dromet' *lies:* Drommet'
— 65,	— 931	denselben *lies:* derselben
— 96,	— 1360	hinein! *lies:* hinein?
— 99,	— 1395	Zaudert ihr, nun so *lies:* Zaudert ihr nun, so
— 136,	— 272	Kinder; *lies:* Kinder,
— 320,	— 1131	Sturmes *lies:* Sturms
— 330,	— 1269	Vermag, zu geben *lies:* Vermag zu geben,
— 350,	— 1586	Schilden *lies:* Schilde

Im zweeten Bande.

Seite 274,	*Vers* 1090	gebieret *lies:* gebühret
— 308,	— 56	ungehört. *lies:* ungehört,
— 334,	— 449	*darf kein Punkt nach* Rath *stehn.*

FSC
www.fsc.org
MIX
Papier | Fördert
gute Waldnutzung
FSC® C083411

Kolibri 360 GmbH
Ferdinand-Jühlke-Straße 7
99095 Erfurt, Deutschland
produktsicherheit@kolibri360.de